重庆科技学院科研基金（181901005）资助

Critical
Thinking

批判性思维

胡伟清　胡湫明／编著

东北财经大学出版社
Dongbei University of Finance & Economics Press　大连

图书在版编目（CIP）数据

批判性思维 / 胡伟清，胡湫明编著．—大连：东北财经大学出版社，
2021.12
ISBN 978-7-5654-4422-7

Ⅰ．批… Ⅱ．①胡…②胡… Ⅲ．思维方法-通俗读物 Ⅳ．B804-49

中国版本图书馆CIP数据核字（2022）第019351号

东北财经大学出版社出版

（大连市黑石礁尖山街217号 邮政编码 116025）

网　　址：http://www.dufep.cn

读者信箱：dufep@dufe.edu.cn

大连图腾彩色印刷有限公司印刷　　东北财经大学出版社发行

幅面尺寸：185mm×260mm　　　字数：266千字　　　印张：12.75

2021年12月第1版　　　　　　　2021年12月第1次印刷

责任编辑：孙晓梅　　　　　　　　　责任校对：肖　眉

封面设计：冀贵收　　　　　　　　　版式设计：原　皓

定价：42.00元

前　言

从 2003 年到 2018 年，我先后在经济学院、经济与管理学院、工商管理学院做了 15 年院长。据我所知，我是少数既不鼓励也不反对教师编写教材的院长之一。我的理由很简单，教材是写给学生的，而学生第一缺少选择的自由，第二缺乏鉴别的能力，一本不好的教材真的能误人子弟，所以不鼓励；但教师评职称又需要有教材，所以也不反对。在我担任院长期间，只有一次被动地担任了某教材的副主编，写了一章，也没有把它列为本校使用的教材。

现在轮到我自己写教材了，心里真是忐忑。关键是我也不需要评职称了，为什么还要写？说服自己的理由是：真的"有话要说"。我原本讲授"经济学"，后来开设"批判性思维"，至今已经 6 年。估计全世界讲授"经济学"的教师，其课程体系是差不多的。但"批判性思维"不同，每个人有每个人的讲法，正如一千个读者心中就有一千个林黛玉一样。6 年间，我对课程大纲做了多次修订，每次上课都要对教案进行改动，日积月累，就难免"有话想说"了。

但直到写完，心中仍旧忐忑。这就只有等待读者的评判和指正了。

有太多的人需要感谢，但一本小书又怎能承担起那么厚重的谢意呢？借用钱钟书先生的话："大不了一本书，还不值得这样精巧地不老实，因此罢了。"

胡伟清

2021 年 9 月

目　录

上篇　常见思维谬误

下篇　成为优秀思考者

目　录

1 概　论

> 批判性思维是理性和创造力的核心能力，没有批判性思维教育，就没有真正的素质教育。
>
> ——杨叔子（1933—，中国科学院院士）

课前思考 ✔

1. 一看到"批判"二字，我们也许就会想到一些不和谐的东西，比如总喜欢批评、指责别人的人，喜欢抬杠的人。那么，到底什么是思维？什么是批判性思维呢？
2. 如果你看到"现代人越来越缺乏批判性思维"这句话，你会做何感想？
3. 你认为批判性思维与辩论、谈判是否有区别？如果有，是什么？为什么？
4. 你是否渴望提高自己的批判性思维能力？
5. 你认为什么是通识教育？批判性思维与通识教育有什么关系？

本章导读 ✔

一门课的概论部分一般要回答是什么、为什么、怎么学三大问题。因此，本章要探讨的主要问题是：

1. 是什么，包括什么是批判性思维、本书的主要内容及其逻辑安排。
2. 为什么，即我们为什么要学习批判性思维。我们准备从时间的三个阶段——过去、现在、未来——分别进行阐述。站在历史的视角来看批判性思维的重要性；从现状来看我们批判性思维的欠缺，而互联网时代知识的特征又要求我们更加重视思维方式的训练；从未来的发展来看，特别是在人工智能时代，我们最需要的是什么？是批判性思维。
3. 怎么学，这个话题虽然有点老生常谈，而且大多数课程都差不多，但我们还是要根据"批判性思维"课程的特点，稍微做一点阐述和发挥。

概论部分相当于一门课程的提纲，由此打开了课程的一扇门。

1.1 什么是批判性思维

我们学习一门学科之前，当然要知道它到底是什么，就像学习当木匠需要知道木匠是干什么活儿的一样。据说齐白石小时候学木匠手艺，跟着师傅出门，要给别的木匠让路，他就问师傅，既然都是木匠，为什么我们要给他们让路呢？师傅说，我们是细木匠，他们是大木匠。齐白石又问，什么是细木匠、什么是大木匠？了解清楚后，齐白石就要去学当大木匠。

当我们学习批判性思维时，也要先了解什么是批判性思维、学了批判性思维对我们有什么好处。

> 即问即答1-1：请思考一下，你想象中的批判性思维是什么？

1.1.1 什么是思维

思维是人类区别于动物的本质特征。那什么是思维呢？美国著名哲学家、教育学家约翰·杜威在《我们如何思考》一书中认为，思维是"用心搜寻证据，确信证据充足，才形成信念。这一思维过程就叫做思考、思索。只有这种思维才有教育意义。"[①]

没有人会否认自己有思维能力，那为什么我们还要学习如何思考？这是因为我们常说的思考并不是真正的思考。2002年，诺贝尔经济学奖得主丹尼尔·卡尼曼（Daniel Kahneman，1934—）写了本很有影响的书《思考，快与慢》，其实我们经常用的是"快思考"，而真正的思考则是"慢思考"。快思考类似于动物的条件反射。当然，不要一看到快与慢，就以为仅仅用时间长短就能够区分，那样的话，傻瓜就是世界上最聪明的人了。

最常用的概念也往往是最难定义的，比如文化，比如知识，同样地，要给思维下一个定义也是很难的，因为不同的人对思维的理解可能不同。从物理学转入脑科学的唐孝威院士认为："思维是非常复杂的现象，人们对思维有各种不同的认识，因而思维有许多不同的定义。"[②]当我们认为某人简直就是疯子时，也许他认为自己是天才。我们认为他是疯子，是因为他的思维；而他认为自己是天才，也是因为自己的思维。

既然不好定义，那就干脆不定义。很多时候，不定义往往比定义更好。首先，即便不定义，我们也大体知道它指的是什么，而一旦定义了，反倒觉得不像那么回事儿。像"思维"这样的概念，其内涵和外延都是非常宽广的，简单的几句话往往概括不了那么多。此外，即便不定义，我们也知道思维的重要性，光是"与动物的本质区别"就足矣。更重要的是，我们学习的目的不是去背几个概念，而是真正学会如何思考。

---

① 杜威 J. 我们如何思考 [M]. 伍中友，译. 北京：新华出版社，2014：3.
② 唐孝威，何洁，等. 思维研究 [M]. 杭州：浙江大学出版社，2014：前言.

1.1.2　什么是批判性思维

一听到"批判"二字，很多人可能马上会想到一些不和谐的场景，比如"批判大会"，比如那些喜欢"抬杠"、动辄说"不"的人，比如那些脾气不好、总是斜眼看着你的人。其实并非如此。虽然爱因斯坦说要"质疑一切"，但质疑并不等于否定。

相对于"思维"来说，"批判性思维"这一概念就要好定义一些，但也同样有各种不同的理解。1990年，美国哲学学会组织了一次历时两年的专家研究，讨论"批判性思维"的定义和内涵，有46位学者参与[①]。想想看，如果很容易就能给"批判性思维"下一个定义的话，需要这么费事吗？

我们认为，批判性思维的关键词有三：思、辨、审。

这是典型的"中国式定义"。也就是说，批判性思维就是一种思辨式的、申辩式的思维方式。

思，就是思考，俗话叫"过脑"。当我们说某人"说话不过脑"时，往往指的是脱口而出，说完之后又后悔，常常"祸从口出"；而说"做事不过脑"，则是指没有三思而行，随意为之，做完之后便后悔。

在思考中，最重要的是反思。所谓反思，简单地说，就是反过来思考，也可以理解为反复地思考。在反思中，最重要也是最难的，就是对自己的反思，即反省，即曾子所说的"吾日三省吾身"。大多数人一遇到问题，就往往从别人、从外部世界寻找原因，把责任推卸给别人，推卸给社会，而不是从自己身上寻找原因。要培养批判性思维，首先要学会从自己身上找原因，也就是反省，即反思自己。

辨，《小尔雅》说的是"辨别（辨，别也）"，《说文》讲的是"判断（辨，判也）"。其实，这两者是互相联系的，没有辨别，很难判断；没有判断，也很难辨别。比如，现在自媒体比比皆是，你怎么知道一条信息是真的呢？这就需要进行判断。那怎么判断呢？就需要进行辨别。

审，是三个字里边意思最多的。我们常常组词的有审查、审问、审计、评审。在这些词里，"审"就具有仔细、周密、慎重、不偏不倚等意思。我们在后面要讲"优秀思考者的特征"，如公正性、准确性、独立性，就与"审"的意思有关。

富兰克林有句名言：如果我告诉你，你可能会忘记；如果我演示给你看，你可能会记住；如果你和我一起做，你一定会记住。这已经成为教育的方法。现在西方教育界有个提法，叫"教少学多"（teaching less，learning more），其实在我们老祖宗的教育法则里早就有了，如举一反三、融会贯通等。

当你读完本书后，你自己归纳出来的"思维"和"批判性思维"的定义，虽然不一定是最准确的，但一定是最适合你的，也是对你帮助最大、用处最大的。

---

① 董毓. 批判性思维十讲［M］. 上海：上海教育出版社，2019：6-7.

1.1.3　批判性思维与理性思维、科学思维

说到批判性思维，就不能不谈另外两个名词：理性思维、科学思维，因为现代世界的兴起离不开理性思维、科学思维。

理性思维和科学思维，两者的本质是一样的，只不过用的地方有时候不同而已。理性是相对于感性的。人有七情六欲，有时候从感性的角度讲"应该这样"，但从理性的角度讲"不能这样"。比如，父亲是法官，儿子犯了法，从理性的角度看，应该依法判罪；但天下哪一位父亲不爱自己的儿子，不想保护自己的儿子呢？所以自古就有"回避制度"。

什么是理性？简单点说，就是我们说话做事，"事前"是有理由的，"事后"是不容易后悔的。这样的话，理性也可能因人、因时、因地而有所不同。

但科学思维就不会因人、因时、因地而有这么大的区别，尽管客观条件的变化也是科学思维需要考虑的问题。我们很难听到"这对张三来说是科学的，对李四来说就不科学了"这样的话吧。

我们是从事经济学的教学与研究的，经济学的基本假设就是"理性人假设"，而不是"科学人假设"。科学思维显然比理性思维更严格。我们往往把理性用于与"人"有关的方面，而把科学用于与"事"有关的方面。我们也常常把科学与宗教、艺术进行对比。科学的本质是真，宗教（更广义来说是伦理道德）的本质是善，艺术的本质是美。我们常常说"真善美"，其背后的依据是科学、道德、艺术，真善美的教育也应该包括科学、道德和艺术。

当我们说批判性思维时，倒不一定要严格地说，它到底是理性思维还是科学思维，可以说都是。

科学的标准常常从事实、逻辑、预测三个方面来判断，即符合事实，逻辑自洽，预测准确。按照这一标准，我们可以判断哪些是科学，哪些不是。比如，有些药的广告说，这方子传到现在已经好几代了！能够医治××病、××病、××病……获得国家发明专利。当你看到这样的广告时，你怎么判断其科学性呢？

事实如何，我们不清楚，但只要是"包治百病"的，你就要小心了，因为不符合逻辑啊。我们常说要"对症下药"，怎么可能一个药方"包治百病"呢？还有，传了好几代的方子，能不能申请国家发明专利呢？也不太符合逻辑吧。至于预测，那是要等到未来才能兑现的，现在不好判断。但现在是过去的未来，此前的医疗效果可以作为验证。

科学与艺术的区别中，有一点是容易被忽视的。科学的东西不太可能"一代比一代差"。比如，物理学家牛顿，那是多牛的人啊，在物理学里说他是第二，就没有人敢说是第一。但我们现在初中生的物理学知识，就基本上赶上牛顿了。如果碰到后代不如前代的，其科学性就值得推敲，那可能是哲学、文学、艺术。因为哲学、文学、艺术的东西，不能说后面的就一定比前面的好。我们现在的哲学不能就说超过了两千多年前的古希腊和先秦、现在的小说就超过了两百多年前的《红楼梦》。而王羲之的

书法，一千六百多年过去了，也没见有超过《兰亭集序》的行书。

1.1.4 批判性思维与辩论、谈判

一谈到批判性思维，特别是其中的"批判"二字，就容易让人想到"针锋相对""揭人之短"，于是就会想到辩论，甚至诡辩，也会让人想到谈判。需要知道的是，批判性思维与辩论、谈判有很紧密的联系，但又有重要的不同。

> 即问即答1-2：请思考一下批判性思维与辩论、谈判的异同。

无可否认，一个辩论高手、谈判高手，肯定是思维敏捷的人，能够快速领会对方的意图，并及时抓住对方的"漏洞"，这都与批判性思维的思、辨、审有关，即审慎地作出判断、辨别，并思考对策。可以说，批判性思维是辩论、谈判必备的思维能力。

批判性思维与辩论、谈判也有重要的不同。辩论和谈判是以输赢来定结果的，虽然现在对"谈判"的定义已更多地转向双赢或多赢，但那不过是一种不得不采用的技术或手段，是为了使谈判能够谈成，而不是谈崩。在能够达成合作的前提下，任何一方都希望自己能够获得更多的收益，因此，赢仍然是判断谈判的重要标准，只不过这个"赢"已经从"我赢你输"转向"你赢我更赢"。

批判性思维不存在输赢问题，其目的是求真，即探求真相，追求真理。两个人辩论，自然都想赢，但最终只有一个人赢，或最多"打成平手"；两个人谈判，首先是本着达成合作的目的，然后是比对方赢得更多；而两个人在一起进行批判性思维，不是为了输赢。当然，如果把是否获得真相、求得真理作为"输赢"的标准，那么，要么都赢，就是获得真相、求得真理；要么都输，那就是没有获得真相、求得真理。

理解批判性思维与辩论、谈判的异同，对于我们学习和训练批判性思维是非常必要的，否则就可能陷入"钻牛角尖"的死胡同。比如，有的学生在课堂讨论中，就容易纯粹为了"赢"而逞口舌之能，不顾事实与逻辑，与其他同学进行辩论甚至诡辩。当然，批判性思维也需要辩论，但这里的辩论不是纯粹为了驳倒对方，而是因为"真理越辩越明"，也就是我们常说的讨论。

1.2 为什么要学习批判性思维

要讨论"为什么要学习批判性思维"这个问题，首先需要了解学习批判性思维"有什么用"。

1.2.1 学习批判性思维有什么用

（1）对学习其他课程有用。

虽然学习这门课程本身，最多能让你获得2到3个学分，但批判性思维能够提高我们的分析能力，这是学习任何一门课程都需要的。几乎在每门课程的教学大纲里，

都会在"教学目标"中提到"分析和解决_____问题的能力",其中的填空部分与不同的课程有关,但"分析能力"则是一个"放之四海"的标准。

批判性思维如何提高我们的分析能力呢?首先它会告诉我们什么是正确的思考,其次还会告诉我们如何正确地思考。

(2)有利于我们更好地工作和生活。

人类的大脑无时无刻不在思考,但到底应该怎样思考呢?估计不是每个人都能明白,更不是每个人都能够说清楚。当我们采取正确的思考方式面对工作和生活时,我们会获得无法计量的好处。

比如,避免上当受骗。古今中外,骗子的骗术无论如何千变万化,其实就那么几招。只要我们能够冷静地理性思考,就不容易掉入别人的陷阱。大凡骗子,类似于钓鱼,是要先抛出诱饵的。我们只要想一想:他与我非亲非故,为何要给我这样的好处?为何不把这样的好处留给他自己或其亲友?这样就不容易上当受骗了。

再比如,更容易在论证、辩论、演讲等方面取得优势。虽然批判性思维不是辩论,但至少能够让我们不会轻易掉进别人的思维陷阱。

还比如,能让我们成为更优秀的公民。作为中国公民,我们需要具有一定的判断能力,以便投出我们神圣的一票。你怎么判断哪位候选人更优秀呢?你如何判断哪个方案更好呢?

最后,我们还要表明"注意事项":思维的学习和训练是需要很长时间才能见效的,而且需要自觉的、主动的学习和训练,只有养成了批判性思维的习惯,才可能"下意识地"、不由自主地应用批判性思维的方式思考问题。到了那个时候,批判性思维对你学习专业,乃至你学习任何其他东西,都会有很大的帮助,它能大大提升你的理解力、判断力、反思力以及解决问题的能力,并有益于你的生活和工作。

1.2.2 从过去来看,我们的批判性思维能力在不断下降

先从大范围看,人类越来越欠缺批判性思维。鉴别批判性思维能力的办法之一,就是对"谣言"的免疫力。

谣言历来就有。据《风俗演义》记载,有位姓田的老太太买了饼回家,途经一墓地,掉了一张饼在一石人脚下。有后来者看到此饼,随口说"这石人能治病吧,这饼是人家用来拜谢它的"。于是,石人能治病的事就传开了,前来求治者络绎不绝。

现代版的此类谣言则是,某地的泉水能治病,于是排队取水者众;某庙神灵,于是香火旺盛。

原来的谣言采取的是"一传十,十传百"的传播方式,现在有了网络,可以"病毒式"传播,更是害人不浅。

谣言还有一个特点,越是遇到天灾人祸,谣言的制造和传播就越迅猛。因为人们在此时对谣言的免疫力大为下降,就像身体虚弱的人比身体强壮的人更相信鬼神一样。

人们缺乏批判性思维的典型例子就是上当受骗事件不断。在新闻报道中，诈骗的金额不断升级，有的甚至高达数百亿元，受骗者达几十万人。当时为什么不想一想，骗子与你非亲非故，为何要把那么好的事情（比如高达20%甚至更高的回报率）让给你？而不是他自己"闷声发大财"？为何要把价值几万元的东西以几千元甚至几百元的价格卖给你？而不是自己拿到市场上去交易？

有人说，骗子利用的是受骗者的善良，此话仅说对了一小部分。善良者可能更容易受骗，因为他们更容易相信别人，但这不是主要原因，主要原因是他们不进行理性思考。

再举一个很多人会遇到的例子。现在国内股市的开户数已达1.8亿，而股民的私人信息（至少是电话号码）早已不是私人信息了。很多人接到过这样的电话，来电者说他/她是某某证券公司或基金公司的，你如果加入他们的团队，可以保证每天赚5%以上。现在有个专用名词叫"杀猪盘"，专指此类骗局。

如果我们简单地计算一下，就会"恍然大悟"。假定你现在有1万元，每天赚5%，一年以200个交易日计算，那么，一年后就是1.73亿元，两年后就接近3万亿元！假如真有这么好的事，他们怎么不悄悄地、轻轻松松地自己赚钱呢？还用得着那么费劲地给你打电话，甚至会遭到绝大多数理性人的断然挂断，拉入"诈骗名单"？

有些谣言甚至披着"科学的外衣"，更能麻痹人。比如，曾有这样一则"新闻"，说商家用塑料颗粒冒充大米来卖，要求大家买大米的时候一定要认真鉴别。这样的"新闻"你信吗？

只要想一想大米多少钱一斤、塑料颗粒多少钱一斤，答案自然就出来了。只有以次充好（用价格低的冒充价格高的）的，哪有反过来以好充次的？

但就是这样的谣言，在手机终端四处转发，很多人都转发到亲友群里，提醒亲友注意。

为什么我们会如此轻易地上当受骗呢？这与我们的教育对批判性思维的忽视有很大的关系。2010年，几位美国大学校长访华，与中国教育界高层会谈，当被问及中国在美留学生的情况时，他们不约而同地指出：中国学生基础知识扎实，但缺乏批判性思维。[①]

据时任清华大学经管学院院长的钱颖一教授对中国留美学生的观察，中国学生在本科、硕士乃至博士一年级，整体上都比美国学生成绩好，但一旦进入做博士论文阶段，成绩就开始不如美国学生了。为什么？因为本科、硕士乃至博士一年级，主要是以考试的形式来衡量学生的成绩的，因此，中国学生就往往比美国学生出色。进入博士论文写作阶段，就不再以考试衡量成绩高低了，更多的是需要批判性思维和创造力，这样才能在研究上取得进展，这时候，中国学生就不如美国学生了。

汪丁丁在《经济学思想史讲义》的《自序》里发问："难道当代的教育，其宗旨

---

① 钱颖一. 大学的改革（第一卷）[M]. 北京：中信出版社，2016：24.

不是要开发学生们批判性思考的能力吗？"①纵观我们的教育，似乎并不是要开发学生的批判性思维，而是相反，要压制学生的批判性思维，典型的例证就是有标准答案的考试。甚至有些考试，哪怕答错了一个字，甚至顺序有点错，都不能得分。这样的考试还能让学生有思考的自由吗？

钱颖一在《大学的改革》里讲到一个事实："毕业十年、二十年、三十年的校友们，对他们在大学时期所上的课的评价，却与在校生很不一样：他们感到遗憾的是，当时学的所谓有用的课在后来变得如此无用；同时又后悔，当时没有更多地去学那些看上去'无用'但日后很有用的课程。"②据我们所知，钱颖一是国内最早倡导开设"批判性思维"课程的人，但到目前为止，全国高校开设该课程的并不多。

知识的"有用""无用"之分，往往是短期和长期之别。短期有用的，长期可能毫无用处。比如，你要到某地去，找一张地图，上面所示的路线和交通信息是非常有用的，但用过了也就扔掉了。若下次再去，再找一张地图即可。现在连地图都不用了，有电子导航。而一些短期来看没什么用的，比如读一本经典小说，或欣赏古典音乐，如果你不是学这个专业的，那就没有任何功用的价值，既不能给你挣钱，也不能给你增加学分，但对于一个人的一生来说，则可以起到潜移默化的作用。

我们需要认真思考的一点是：人类的批判性思维能力为什么在弱化？

从史书中不难发现，无论是中国的先秦，还是古希腊，人们都极为注重批判性思维。那是一个被称为"轴心时代"的时代，我们现在的价值观大都是以那时的文化为基础的。先秦诸子之间的论战，如果没有批判性思维，是很难想象的。孔子说"学而不思则罔"，就是教育学生要多思考。《论语》里记载的大都是学生问他问题，他给出答案。如果没有思考，怎么可能有问题要问呢？

苏格拉底所采取的教学方式也是问答式，而且与孔子不同，苏格拉底是向学生提问。他通过不断追问，去发现人们所坚持的一些信念的错误，包括证据不足、推理不正确、前后不一致、论述不清晰等。苏格拉底有一句名言："没有思考的人生，是不值得过的。"苏格拉底的言行是通过他的学生柏拉图、色诺芬等人记录下来的，里面大多是通过苏格拉底与不同人的对话来阐释思想。苏格拉底的做法是，先说一个看似正确的观点，然后问你正确吗；当你和其他人一样说正确时，他要么从反面来展开，要么往更深的层次展开，让你看到这个观点的荒谬之处。

从以上介绍中不难看出，两千多年前的人们是善于进行批判性思维的。人类的批判性思维后来为什么变弱了呢？我们认为，主要原因有三个：

第一，封建专制限制了思想自由。在中国，自秦始皇统一全国后，就实行中央集权的专制制度，这种制度持续了两千多年。为维护集权和专制，不允许不同意见存在。若有不同意见，轻则贬官、充军，重则杀头，乃至灭九族。在这样的环境中，那些敢于反抗的人大都被夺去了生命，也就没有了后代，于是在我们的基因里，顺从成为主流，批判性思维没有了容身之地。秦始皇的焚书坑儒、朱元璋的废除宰相、历代

---

① 汪丁丁. 经济学思想史讲义 [M]. 上海：上海人民出版社，2012：自序.
② 钱颖一. 大学的改革（第一卷）[M]. 北京：中信出版社，2016：38.

特别是清初的文字狱，无不是对人们批判性思维的大屠杀。西方则是宗教专制，导致的结果也差不多，在中世纪之后，怀疑主义开始兴起，这才有了近代科学的诞生，才有了现代文明的出现。

第二，随着各种文化之间的交流日益频繁，文化趋同开始出现，这虽然带来了很多好处，人们可以互相学习，但文化趋同也使人们丢掉了独立思考的习惯。学校教育就是一个典型的例子，学校按照一个统一的模式来培养所有的学生，不利于培养学生的批判性思维。

第三，随着科技的进步以及人们生活水平的提高，人类对自然和社会的认知在不断加深和扩展，很多原先的疑虑似乎已经被打消，很多人似乎用不着思考了，思考似乎只是精英阶层的事。大多数人是有惰性的，既然可以生活得那么好，哪里还需要思考那些与日常生活不相干的问题呢？我们现在基本上摆脱了生存困境，赫拉利在《人类简史》中所说的人类一直面临的三大威胁——饥荒、瘟疫、战争，自20世纪后半叶以来，已逐渐离人类远去。人们已经越来越不习惯思考问题了。

1.2.3　从现在来看，互联网时代的学习，思维更重要

我们需要思考一个问题：互联网时代的教学应该怎么办？这就需要思考另一个问题：在互联网时代，知识具有哪些特征？

我们认为，在互联网时代，知识具有以下"三易"：

易得：现在我们要获得知识，途径太多了。在网上输入关键词，出来的东西多得你都不想细看。即便是付费购买，也不贵。本书第一作者读本科和硕士时，要做毕业论文了，导师会让我去北京或香港查资料。与那个费用相比，在网上购买资料就很便宜了。

易变：知识爆炸，信息爆炸。不要说大学里学的东西，就是今天学的东西，到了明天也可能发生变化了，可能有新的东西出现了。当我们面对知识和信息的汪洋大海时，知识焦虑症便可能产生。

易忘：因为易得和易变，当然就会易忘。人们怎么可能对那些轻易得到的东西印象深刻呢？怎么可能对汪洋大海般庞大且不断变化的东西记得牢靠呢？

在这样的情形下，教师就不得不思考：我们应该教给学生什么？还是传授知识吗？第一，我们能够传授的知识，不及知识汪洋大海的万一；第二，我们站在讲台上，用两小时去传授知识，可能还没有学生上网半小时获得的知识多；第三，我们传授的知识可能对学生并没有多大价值。

由此得到一点启示：仅传授知识的教师，已经不是合格的教师了！

而有些东西，不是那么容易就能获得、就会变化、就会遗忘的，这就是思维和方法！如何讲授思维和方法呢？是站在哲学的层面吗？那样的话，估计不会得到学生的认可，因为那样的讲授有点"空中楼阁"的味道。

这就需要有一个载体，而这个载体还是知识，于是，我们得到了以下"学习三角形"，如图1-1所示。

图1-1　学习三角形

在"学习三角形"中，知识是基础，也是传授方法以及思维方式的载体。因为一旦离开了具体的知识，对思维和方法的讲授就有点"空对空"的味道，学生不太好理解，也不容易接受并转化为自己的东西。

这里的知识主要就是我们常说的"知识点"，是某一课程，甚至某一章某一节中的一个"细胞"，它主要在该章节、该课程或该学科领域发挥作用；而技能或方法则可以超越这门课，甚至这个学科，而在更大、更广的领域中发挥作用；至于思维，它已经超越了单纯的学习，可以扩展到对人生、社会、世界的认识。

举个经济学的例子。"机会成本"是经济学中很重要的一个概念，这是一个知识点，主要在"资源稀缺性"这一章节讲解。机会成本分析是一种方法，可以扩展到其他学科。同时，机会成本分析也是一种思维方式，可以应用到更广的领域。

具体来说，机会成本是指，当我们把资源用在A方面时，就意味着放弃了应用到B方面的机会；而如果应用到B方面，也是有收益的。这个可能的收益就是我们把资源应用到A方面的机会成本。比如，各位同学上大学的机会成本，不是你们交的学费，也不是你们的生活费，而是假如你不上大学而去工作，你在这四年里所能挣到的钱。

机会成本分析是一种方法，它告诉我们，天下没有免费的午餐，因为我们做任何事情都是需要使用资源的，这就意味着我们放弃了做其他事情的机会。那是否值得呢？我们能够获得什么，是需要考虑的，但也需要考虑我们放弃了什么。如果放弃的超过了获得的，那就是不划算的。这样的方法，我们可以在经济学中用到，可以在财务管理中用到，可以在投资论证时用到，也可以在军事部署、科学研究的资源配置时用到，还可以在生产与生活的安排等方面用到。

机会成本分析还是一种思维方式，就是要理性地思考各种可能性，我们需要在其中选择最优的那一种。其实这就是决策问题，我们的人生就是由大大小小的决策构成的。

无论作为教师还是学生，在教学和学习时，首先要站在思维的制高点，看是否可以提升到思维的高度；然后从实用的角度，看能否提炼出分析问题、解决问题的方法，并尽量演变为带有技能性的东西。通过这样的探索，我们就渐渐向"教少学多"的目标靠拢了。通过精选知识点，最终以传授方法和思维方式为主，做到举一反三、融会贯通，不只是授之以鱼，更是授之以渔。知识，只是鱼；而思维和方法，才是渔。

有了这样的思想基础，在课程知识点的选择上，我们采用了三个指标：

首先是重要性，就是我们常说的"重点"。当然，在选择"重点"时，不能拘泥于传统的判断标准，而是以前面的"学习三角形"为基础，就是看它能否"上升"到方法（技能）和思维的层面。

其次是辐射度，就是这个知识点能够引申、应用的广度，也就是能不能通过这个知识点而达到举一反三的效果，使学生融会贯通。

最后是难易度，也就是平常所说的"难点"。

有了这三个指标，我们的教学内容就尽量选择重要的、辐射度大的、学生难以理解和掌握的知识点，并采取探究式的教学方式，即让学生参与到对相关内容的探讨中来，而不是由教师单方面地传授知识。

现在，越来越多的研究表明，人与人之间的差距不在于智商，不在于知识的储量，而在于思维方式。特别是在已经到来的互联网时代和即将到来的人工智能时代，思维方式就显得越来越重要了。那么，比知识更重要的是什么呢？现在一般认为以下四个方面很重要，简称4C：创造力（creativity）、协作能力（collaboration）、沟通能力（communication）和批判性思维（critical thinking）。

1.2.4 从未来看，在人工智能时代，唯有思维才能胜出

随着人工智能时代的到来，我们需要认真思考的一个问题是：当很多工作都被机器人取代的时候，我们人类能够做什么？我们靠什么在人工智能时代胜出？

当"阿尔法狗"战胜世界围棋冠军李世石之后，人工智能领域不断出现的成果简直就像科幻小说里的情节了。连写作这样需要高度智能的领域，机器人也能大出风头。央视有一期节目，就是机器人和诗人对决。三位评委中，有两位判断错误，把本来是计算机写的诗判为人写的，而把人写的诗判成计算机写的了。

研究"互联网+人工智能"时代劳动需求问题的文章，网络上有不少，大抵都在说哪些工作可能会消失，哪些工作是未来的"香饽饽"。李开复根据牛津大学、麦肯锡、普华永道、创新工场研究报告综合整理了一份职业消失概率排行榜，涉及365种职业，估计是借用谚语"三百六十行，行行出状元"，但结果是对这句谚语的否定。在他所列举的365种职业中，未来10到15年（该研究结果是2018年发布的）消失的概率从0.1%到98.3%不等，也就是说，有些基本上不可能消失，而有些基本上会消失。

根据其研究，最不可能消失的10种职业是：人工智能科学家、创业者、心理学家、宗教教职人员、酒店与住宿经理或业主、首席执行官、首席营销官、卫生服务与公共卫生管理或主管、教育机构高级专家、特殊教育教师，消失的概率都是0.1%；而最可能消失的10种职业是：纸料和木料机操作工，装配工和常规程序操作工，财务类行政人员，银行或邮局职员，簿记员、票据管理员或工资结算员，流水线质检员，常规程序检查员和测试员，过秤员、评级员或分类员，打字员或相关键盘工作

者，电话销售员，其消失的概率从96.5%到98.3%不等[①]。

从这份职业名单中，我们会发现，未来是否容易消失与能否被机器人取代，基本上是同义语。那些需要创新思维的、需要与人打交道的职业，就不太容易被机器人所取代；反之，那些常规操作性的、与物打交道的职业，则很容易被取代。还有一点就是，需要人类情感的，如心理学家、宗教教职人员、特殊教育教师等，不容易被取代，因为机器人到目前为止还是"冷冰冰"的；而与情感关系不大或没有关系的，则容易被取代。

当然，什么时候被取代还有经济因素，那就是替代成本。比如，用一个机器人可以代替五个人工作，但如果购置机器人以及维护成本太高，超过了五个人的工资的话，那就暂时不会使用机器人；反之，当然会用机器人取代真人。

如果再考虑使用机器人的其他好处，则可能在使用机器人的成本略高于用人成本时，也会优先使用机器人。企业管理者一想到劳资纠纷就头疼，机器人多好啊，它们不会消极怠工，更不会罢工，也不会要求少干活、多休息、加工资。还有就是，炒机器人的"鱿鱼"也很简单，报废即可，不需要支付这样那样的赔偿、补偿。

我们真的不可以太过乐观，认为这离我们太遥远。科技进步的力量和速度不仅会降低人工智能的使用成本，而且会提高其工作能力和质量。我们不得不认真思考：在人工智能面前，我们人类到底有什么用？在哪些方面能够占据优势？只有找出答案，人类才可能胜出，才不至于被机器人"夺了饭碗"。

美国畅销书作家丹尼尔·平克（Daniel H. Pink）[②]在其《全新思维》[③]中，主要针对未来人工智能等技术的发展，分析我们人类需要哪些思维能力。该书的中译本把副标题译为"决胜未来的6大能力"，分别是设计感、故事力、交响力（系统与整合的能力）、共情力、娱乐感、意义感。我们在这里只是引用他的观点，并不表明我们赞同这些观点。但从该书的整体内容来看，思考如何在人工智能时代更好地生存，无疑是有意义的。

那么，我们如何才能更好地生存呢？这就需要从人与机器人的对比中，思考问题的答案。

机器人在计算、逻辑、储存、文字及图像识别等方面的能力，是我们人类远远不及的。一台计算机可以把整个大英博物馆、美国国会图书馆、北京图书馆等世界上藏书最多的图书馆的藏书，全部装进自己的"大脑"里，人们在任何时候要调用任何内容，都可以很快显示出来，而且准确无比。这样的能力，任何人都无法比拟。但机器人在创新思维、灵机应变、情感交流等方面，至少到目前为止，还没有什么重大突破。

批判性思维就是培养人们面对不同情境的思考能力的。一个具备思考能力的人，

---

① 李开复：未来十年消失概率最小的十种职业 [EB/OL]. (2018-12-31) [2021-09-11]. https://www. sohu.com/ a/285800813_100169069.
② 容易与著名认知心理学家、科普作家史蒂芬·平克（Steven Pinker）混淆。
③ 该书中译本由浙江人民出版社2013年出版，那时的人工智能发展水平自然不如现在这么先进，但书中的很多思想还是很有洞见的。

才能从容面对外部环境的种种变化。进入21世纪以来，国际上的教育改革从重视基础性读、写、算的"3R"技能（Reading, wRiting, aRithmetic）逐渐转向重视思维和人际互动的"4C"技能（Critical thinking and problem solving, Communication, Collaboration, Creativity and innovation）[①]。人类不一定能够在技能上战胜自己创造的机器，但一定能在思维上战胜之。不仅如此，人与人之间的竞争也不再以具体的某项技能而定胜负，而是以思维方式和思考能力而决高下。这正如再强的武林高手，在现代武器面前，也弱小无比了。

1.3　批判性思维是通识教育的基本内容

国内外的调查都显示，大多数学生毕业后没有从事与自己大学专业相关的工作，特别是人文社科类的学生。这当然有很多原因，比如大学教育内容的滞后性、职业的快速变化等。其实，工作中所需的大部分技能通过工作实践来学习，往往是最有效的。因此，一个人在职场中的表现更多地与一些通用技能，比如学习能力和思维方式，有着重要的相关性。雇主们在招聘大学生时，往往不是以专业技能为考核重点。而对于大学教育来说，则应该以通识教育为主。

通识教育在英语里有两个常用的表达方式：一个是 general education，另一个是 universal education，指的是一种通用性的教育。人力资本理论把人力资本分为通用性人力资本和专用性人力资本，前者与职业种类、单位性质没有多大关系，而后者则与职业种类、单位性质密切相关。也可以这样来判断，当你从一种职业转到另一种职业、从一个单位转到另一个单位时，如果这些技能仍然能用，则属于通用性的，比如学习能力、沟通能力、决策能力、语言表达能力等；而如果职业或单位发生变化以后，这些技能就不能用了，那就属于专用性的，比如一位体操运动员，退役后从事企业管理工作，他原来在体操方面的技能就用处不大了，最多偶尔表演一下，增加点雅兴而已。

通识教育的另一个英文表达，则是 liberal education，这是英国教育家纽曼（John Henry Newman，1801—1890）在《大学的理想》（The Idea of University）一书中提出来的。按他的话来说，通识教育就是"成为人的教育"，就是培养欧洲的"绅士"或中国的"君子"。

什么样的人是人格健全的人呢？就是要具有自由的（liberal）思想和灵魂。

如果要你列出自己认为最重要的三个价值维度，会是哪些呢？有的人可能把金钱、权力排在前头，有的人会把平安、健康放在首位，有的人会把亲情、友情看得很重，有的人会把道德、智慧作为自己追求的目标，有的人会以为社会作出贡献为自己的最大荣耀。总之，我们每个人的价值观会有所不同。

虽然不同的人会有不同的价值观，但我们也有一些共同的价值观，比如社会主义

[①] 彭正梅. 培养作为21世纪技能核心的批判性思维技能//亨特 D A. 批判性思维实用指南［M］. 伍绍杨，译. 上海：学林出版社，2018：丛书总序.

核心价值观。从国家层面来看，是富强、民主、文明、和谐；从社会层面来看，是自由、平等、公正、法治；从个人层面来看，则是爱国、敬业、诚信、友善。

从全球视角来看，有一些价值观，是大家公认的，比如平等、自由、友善、和平、正义。

这些价值观的养成仅靠专业教育是很难实现的，通识教育在其中可能发挥更大的作用。这也是各国高等教育重视通识教育的重要原因。

爱因斯坦在美国高等教育三百周年纪念会上（1936年10月5日）说过，高等教育应该发展青年中那些有益于公共福利的品质和才能。但这并不意味着个性应当被消灭，而个人只变成一只蜜蜂或蚂蚁那样，仅仅是社会的一种工具。另外，我也要反对认为学校必须直接教授那些在以后生活中要直接用到的专业知识和技能这种观点。生活所要求的东西太多种多样了，不大可能允许学校采取这样的专门训练。除了这一点，我还认为应该反对把个人当作死的工具来对待。学校的目标始终应当是：青年人在离开学校时，是作为一个和谐的人，而不是作为一个专家。

我们介绍一下哈佛大学和普林斯顿大学的通识教育。

1978年，哈佛大学文理学院的教授以182对65票通过一项决议，为通识教育制定了五项标准，旨在培养"有教养的人"。这五项标准分别是：

（1）清楚、有效地思考与写作；

（2）对某个专业有一定深度的知识；

（3）正确地评价我们取得和应用知识、认识宇宙、认识社会和认识自我的方法；

（4）对道德和伦理问题有一定的认识和思考经验；

（5）不能眼光狭窄，以致对其他国家的文化和历史一无所知。

在上述"哈佛五条"中，与专业相关的只有"半条"，就是第二条"对某个专业有一定深度的知识"。之所以说这只算"半条"，是因为对专业的要求不高，"有一定深度"即可。从其课程设置也看得出来，比如商科，真正属于经济学、管理学的专业课程为8~10门，至于其他学分，你可以根据自己的兴趣自由选修。而我们的专业课一般在20门以上，这还不包括"专业任选课"。

1993年，普林斯顿大学"本科教育战略计划委员会"对本科毕业生提出的12项衡量标准是：

（1）具有清楚地思维、谈吐、写作的能力；

（2）具有批判性和系统性推理的能力；

（3）具有形成概念和解决问题的能力；

（4）具有独立思考的能力；

（5）具有敢于创新和独立工作的能力；

（6）具有与他人合作与沟通的能力；

（7）具有判断什么意味着彻底理解某种东西的能力；

（8）具有辨别重要的东西与琐碎的东西、持久的东西与短暂的东西的能力；

（9）熟悉不同的思维方法（定量、历史、科学、道德、美学）；

（10）具有某一领域知识的深度；

（11）具有观察不同学科、理念、文化的相关之处的能力；

（12）具有一生求学不止的能力。

在以上12项衡量标准中，只有第十项"具有某一领域知识的深度"与专业相关，其余各项都是培养"通用能力"的。此外，至少其中第二项、第三项、第四项、第七项、第八项、第九项与思维能力有关，从数量上来看，就占了"半壁江山"。

随着网络化、智能化的发展，哪些通用技能是最重要的呢？2012年，美国管理协会（American Management Association，AMA）根据其对768位企业管理者的调查，发现排在前面的四项通用技能就是"4C"。其被认可程度分别是：批判性思维技能，97.2%；沟通技能，95.5%；合作技能，93%；创造与创新技能，91.6%[1]。

1.4 如何学习批判性思维

1.4.1 学、思、习是学好任何一门课程的不二法门

虽然学习不同课程的方法是不太相同的，比如学习理工科类课程，就与学习人文社科类课程有别，但据我们多年的学习和教学经验，学、思、习是学好任何一门课程的不二法门。

学，就是在课堂上听老师的讲解，在课堂外认真阅读教材和参考文献。这是学好一门课程的主要方法，也是效率最高的"捷径"。一本好的教材就是进入某一学科领域的指南。参考文献相当于"原始材料"或"素材"，让我们知道"知识的源头"在哪里，是怎么从涓涓细流变成大江大河的。而一位在该领域从事教学和研究数年甚至数十年的教师就是一位好导游，可以让我们高效地进入某个领域。

思，就是在学习过程中，要不断地独立思考。这种思考既可以是对课程内容的思考，也可以结合其他方面进行。从本课程的角度看，就是要以审辨式、思辨式的方式，对所学的东西以及自己和身边的人、言、事进行不断的思考。只有这样，才能真正体会到所学东西的意义。既然我们无时无刻不在进行思维，就可以随时随地用批判性思维来分析我们所面对的人和事。特别是现在，各种消息满天飞，更需要我们进行思考和鉴别。

孔子早就指出，"学而不思则罔，思而不学则殆"。"罔"的本意，一是"蒙骗"，二是"无，没有"；而在这里，指的是迷惘、迷惑、糊涂。其实，这不过是"因"和"果"的关系而已。因为迷惘、迷惑、糊涂，其结果可能是不仅没有学到真东西，而且容易被蒙骗，人云亦云，只知道背书，而不知道根据情况的变化有不同的理解。只有经过自己的思考，才能把学到的东西变成自己的东西。

习，就是多参与课堂互动，多进行批判性阅读和写作，多应用到自己的说话和做

---

① AMA 2012 Critical Skills Survey，2012：4. 转引自彭正梅.培养作为21世纪技能核心的批判性思维技能//亨特 D A. 批判性思维实用指南［M］. 伍绍杨，译. 上海：学林出版社，2018：丛书总序.

事中。

孔子说"学而时习之"，其中的"习"有不同的理解，我们觉得南怀瑾在《论语别裁》中的理解是讲得通的。他把"学"扩展为"学问"，那么，"随时随地要有思想，随时随地要见习，随时随地要有体验，随时随地要能够反省，就是学问"。在这里，南怀瑾是从"见习"来理解"习"的，因为只有这样，才会"不亦说乎"；如果是"时时温习"，那累都累死了（想想我们小时候背诵课文的情景），哪里还有多少快乐呢？我们再进一步去理解，"习"就是实践。我们学到了一点东西，然后在自己的实践中体会到、发现了它的妙处，那当然就很高兴了。

1.4.2　学习批判性思维的注意点

（1）思维方式的改变是很难的，但可以慢慢改变。现代脑科学已经证明，人的大脑一直都在改变。那么，大脑是思维的器官，人的思维方式也会改变。当然，思维训练的最佳时期是儿童时期。

（2）思维的改变首先需要自己有改变的意识。很多人说自己想改变，但从骨子里就不想改变，结果当然是改变不了。这就像绝大多数人都认为锻炼身体很重要，但就是不去锻炼，这说明他们还是没有意识到其重要性。如果通知你明天上午去报名分房子、评职称、申报奖项，不去就意味着弃权，那你一定不会不去，这就体现出你对这些方面的重视了。思想先行，这是非常重要的一点。中国的改革开放就是从解放思想开始的。

（3）知易行难，思维需要不断的训练。知道的东西，不一定认同；认同的东西，不一定能落实到实践中。这是我们认知里的一个大问题。举个例子，一百多年前，巴黎市政府出资100万法郎，征集一座桥的改造方案，因为随着车辆的增加，该桥已经变得拥堵。有位设计师的方案中标了，他的方案是这样的：把车道分为三个，早上进城堵，就用两个车道供车进城；下午出城堵，就用两个车道出城。也就是说，在三个车道里，中间那个车道是不固定行车方向的，根据拥堵的情况而定。相比那些要在旁边修建新桥的方案来说，这个方案自然是最省钱的了，短期内无疑能够缓解交通拥堵。

我们曾经把它作为案例，在多次培训中讲过，包括在交通管理部门的培训中。因为这既可以作为创新思维的案例，也可以作为交通管理的案例。但直到现在，在我们讲过课的地方，交通管理没有丝毫改变。很多地方其实都有这样的现象，上午某一个方向堵，下午则是相反的方向堵，每个车道中间有一个隔离带，谁也别想走到对面的车道上去，眼睁睁地看着资源分配不平衡而浪费。本来是很简单的，把中间的一个车道作为机动车道，在地上标识出来，再用红绿灯指挥，就能解决问题，但就是没人去改变。除了感叹自己人微言轻外，我们更感受到要改变人的思维是很难的，要改变行动就更难。

后来出差到浙江台州，发现这里就采用了机动车道的方法。这就充分说明，知道是一回事，去不去做是另一回事。同样地，思维也是需要不断训练的，就看你去不去训练了。

本章小结 ☑ --●

1.批判性思维的特征：思、辩、审。思："过脑"；辩：判断、辨别；审：慎重、公正。

2.辩论、谈判有输赢，批判性思维追求的是真相与真理。

3.提升批判性思维能力，对我们的学习、工作、生活都有帮助，至少可以使我们少上当受骗。

4.人们的批判性思维能力在下降，教育是重要原因之一。

5.在互联网时代，知识具有易得、易变、易忘的特点，因此，不能仅满足于知识的传授，更要重视思维教育，特别是我们还面对着人工智能时代的到来。

6.大学教育更应该重视通识教育，而培养批判性思维能力是通识教育的重要内容。

7.与学好其他课程一样，学习批判性思维也需要在学习、思考、实践上下功夫。

进一步阅读 ☑ --●

[1] 摩尔 B N，帕克 R. 批判性思维 [M]. 朱素梅，译. 北京：机械工业出版社，2020：第1章.

[2] 巴沙姆 G，欧文 W，纳尔多内 H，等. 批判性思维 [M]. 舒静，译. 北京：外语教学与研究出版社，2019：第1章.

[3] 董毓. 批判性思维原理和方法 [M]. 北京：高等教育出版社，2010：第一章.

思考题 ☑ --●

1.请闭上眼睛，回想在你的印象中，哪些是你认为思维很好的人、哪些是你认为思维不好的人，分别列出他们的特点，最好能够举出事例，进行比较分析。

2.请写出你自己对思维、批判性思维的定义，然后与同学讨论。

3.回想一下，你当初选择"批判性思维"这门课的理由是什么？读了本章之后，你对当初的理由会不会有所修正？如果根据学校的规定，现在可以退选的话，你会不会退选呢？为什么？

4.有一项研究指出，电视等大众娱乐媒体会导致人们的智商下降。你认为这个研究结论可信吗？如果这项研究的结论是可信的，请你分析一下原因。

5.你一般是根据什么来判断一个人的？又是根据什么来判断一件事的？

6.你为什么选择现在这个专业？你对成绩有多看重？你怎么看待专业课和通识教

育课？

7.人的一生中最重要的是什么？请列举你认为最重要的三样，并分别说明理由。

8.请认真分析你所选的课程，有多少是与思维、方法相关的？有多少是当你考试结束后就会忘掉的？

9.把"哈佛5条"和"普林斯顿12条"进行对比，有何异同？你认为最重要的三项是什么？为什么？你准备如何提高？

10.畅想一下，你希望通过学习批判性思维获得什么？或者说，你学习本课程的目的是什么？你将如何实现这一目的？把它们写下来，等到本课程结束的时候，再回过头来看看，这些目的实现了没有？如果实现了，你有什么学习心得和经验可以与大家分享？如果没有，又是什么原因造成的？这个题目是需要分两步来完成的。

11.微信等社交工具为我们的交流提供了极大的便利，但也为谣言的传播创造了快捷的通道。为什么微信等自媒体会有这么多问题？原因何在？我们如何面对？

上篇　常见思维谬误

与大多数有关批判性思维的书不同，我们觉得从"常见思维谬误"讲起，是一个比较好的选择。

这是因为，只有当我们认识到自己容易出现的"错误"，才会想办法去避免。很多人即便发现了问题，也不会认为自己有问题，不会从自己身上找原因，而是把原因推给别人，推给社会。那样的话，就不太可能想到去解决问题，当然也就不太可能解决问题。

在这个部分，我们在常见思维谬误中选择了48种（在所有的批判性思维教材里，应该是介绍得比较多的），按照其产生的原因，划分为四个方面：情感导致的、信息导致的、逻辑导致的、认知导致的。当然，不同的作者根据自己的理解，可能会有不同的分类方法。另外，由于大多数思维谬误与多方面原因有关，因此，分类也是一个复杂的问题，我们仅是为了便于理解进行了一种尝试而已。

在阅读之前，请注意两个关键词：常见、谬误。请认真思考这两个关键词的含义。

2

情感导致的思维谬误

> 理智是一切力量中最强大的力量，是世界上唯一的自觉活动的力量。
>
> ——高尔基（1868—1936，苏联作家）

课前思考 ☑ ----------------●

1.人都是有情感的，而情感导致的思维谬误往往是难免的，你怎么看？如果是难免的，那我们是否需要避免呢？为什么？

2.仔细回忆一下，当我们处于高兴、悲伤、愤怒、恐惧的时候，是否会说出一些让自己事后后悔的话，或作出一些让自己事后后悔的事情？

3.在我们周围，以下两类人都会遇到：一类是"喜怒形于色"的人，美其名曰"性情中人"；另一类是"沉稳纳言"的人，也被称为"有城府的人"。回忆一下，哪类人对你伤害最大？你喜欢哪类人？为什么？

本章导读 ☑ ----------------●

1.批判性思维属于理性思维。要学会理性，就需要先了解我们人类感性的一面。

2.人的情绪有正面和负面之分，前者如喜悦、乐观、自信、欣赏、珍惜、怜悯等，后者如愤怒、悲伤、紧张、焦虑、忧郁等。无论是正面情绪还是负面情绪，都可能导致思维谬误。

3.正面情绪导致的思维谬误有盲目乐观、诉诸怜悯、禀赋效应等。

4.负面情绪导致的思维谬误有诉诸恐惧与威吓手段、源自愤怒、损失厌恶、群体心理等。

5.有一类思维谬误，如双重标准、因人纳（废）言、心理账户、沉没成本等，不太容易严格地区分是由于正面情绪还是负面情绪导致的。

2.1　情感与理性

批判性思维，从某种程度上说，也就是理性思维。人在具有理性的同时，也常常受到情感的支配，比如人们常说的"恋爱中的人智商为零"，就是典型的例子。因此，人既有理性的一面，也有感性的一面。一般来说，人们在面对重要事情的时候，在有足够时间思考的情况下，理性的一面会占主导地位；反之，在一般事情面前，在"灵机一动"时，往往是感性的一面起主导作用。

关于理性与感性的关系，我们不妨以骑自行车为例来说明。理性代表我们不断向前行进，而情绪会导致我们不可能完全平稳地沿着一条直线向前。如果情绪过于激烈，可能会导致我们骑车时摔倒在地，甚至掉进深沟或悬崖。人类社会不断发展和进步，说明我们整体上是理性的，但时而出现的战争、动乱等，则表明人类有时也会被感性牵着鼻子走。从进化心理学的视角看，如果没有理性，人类就不可能进化到今天这个样子，因为不理性的人早就被淘汰了，也不会有基因遗传下来。但多灾多难的人类历史也证明了人类的不理性，除了少数是天灾所致外，大多是人祸造成的。

情绪分为正面情绪和负面情绪，前者如开心、乐观、自信、欣赏等，后者如愤怒、紧张、焦虑、嫉妒、悲伤等。无论是正面情绪还是负面情绪，都可能导致思维谬误。在日常生活中，大多数时候是不需要"深思熟虑"的，人们常常"凭感觉"行事。所以，最容易出现的是因情绪而导致的思维谬误。

2.2　情绪导致的思维谬误

我们先不区分正面情绪和负面情绪，也就是说，导致同一谬误的既可能是正面情绪，也可能是负面情绪。

谬误2-1：双重标准

双重标准就是面对相同或相似的对象，对自己和他人的评判标准不同，这往往与自己的喜好和利益有关。

【例2-1】正义vs恐怖主义。

美国对别国的骚乱事件，常常称之为争取民主、争取人权的"正义"事件，而把本国的骚乱事件（比如2021年1月6日下午的国会大厦暴力事件）称为恐怖主义。历史上的强势国家常常谴责入侵主权国家的事件，但自己是入侵者的时候除外。

【例2-2】一些政府官员台上说一套，台下做一套。

其中的"说一套"，是对老百姓的要求，而"做一套"则是对自己的要求。这就是古话所说的"只许州官放火，不许百姓点灯"，是典型的双重标准。

【例2-3】妻子："嫁汉嫁汉，穿衣吃饭"，难道不该你出钱吗？

一些女性一方面要独立、平等，另一方面又要在经济上依赖男性；而一些男性要求女性做家务，但自己不做，这是婚姻中的双重标准。

【例2-4】妈妈："儿子，你做得对，对老婆就是不能太软弱，要不你会经常受欺负的。"

这是不少女人的双重标准，希望自己的儿子不被儿媳欺负，但对自己的丈夫，则要求他百依百顺。

【例2-5】正在玩游戏的父亲对儿子说："做作业去！不好好学习，你今后能干什么？"

不少父母对子女要求严格，但自己又不能以身作则，这也是典型的双重标准。

双重标准对社会的危害很大，可以说，大多数歧视就是双重标准导致的。典型的就是宗教歧视中对异教徒的迫害，既然你可以信仰自己的宗教，为什么不能让别人信仰他的宗教呢？

谬误2-2：因人纳（废）言

所谓因人纳言，就是指因为喜欢某个人，就认为他说的话也是对的。

【例2-6】我邻居是个好人，他说我们小区东门外的那口泉水不能喝，那就不能喝。

我们常说"真善美"，其实这三个字分别是不同学科的评价标准，科学追求的是"真"，道德追求的是"善"，艺术追求的是"美"。一个人善良，不代表他说的话就是真的，至少不代表他说的每句话都是真的。泉水能不能喝，需要经过生化检验，而不能因为邻居是个好人，就认为他说的"泉水不能喝"一定正确。

与之相关的思维谬误是"诉诸权威"，就是常常引用名人或权威人士的话来证明自己的观点，这也是"因人纳言"的一类。我们把"诉诸权威"放到后面的"源自认知的思维谬误"中介绍，因为它与认知模式更相关。

与之相对的，就是因人废言，如果不喜欢一个人，就认为他所说的一切都是错误的。

【例2-7】张三坏透了，你怎么能够相信他说的话呢？

【例2-8】你都骗了我两次了，我再也不会相信你说的话了。

坏人所说的话不一定就不是真的。前两次说了假话，也不代表第三次说的也是假话。虽然从情感上来说，我们很难把一个观点的正确与否，与我们对提出这个观点的人的喜恶分割开来，更不容易与这个人的品行分割开来，但批判性思维要求我们，对一个观点的判断只能根据这个观点本身，与这个观点是谁提出的没有关系。

中国历史上的改朝换代就常常出现因人废言的情况，即新立的朝廷对前朝君主的话，往往采取"废"的姿态，凡是前朝采用的，新朝就不采用。但真正的明君是不会如此的。我们知道，刘邦建立汉朝后，沿袭了秦朝的制度，没有因为秦二世的荒淫暴戾而废除秦朝的所有制度。同样地，唐朝也继承了隋朝的很多制度。但清朝刚建立时，大兴文字狱，将那些说明朝好的人全部归为"叛逆"，甚至不惜穿凿附会。其实理性地思考一下，就不难看出，人归人，事归事，言归言，伟大的人也可能说错话、做错事，所谓"智者千虑必有一失"；而坏人有时也可能说对话、做对事，所谓"愚者千虑必有一得"。

孔子说过："君子不以言举人，不以人废言。"（《论语·卫灵公第十五》第23章）但现在，以言举人、以人废言的例子比比皆是。

> 即问即答2-1：我们如何避免因人纳（废）言的谬误？

正确的做法是，把"人"与"言"分开，就像考试试卷把答题人的基本信息密封起来一样。学术刊物实行"双盲审稿制"，也是为了避免此类谬误；否则，审稿人一看作者是院士，即便认为其观点有问题，也可能会寻找理由，证明其观点正确。

因人纳言、因人废言的谬误也可以放在第5章"源自认知的思维谬误"的第3节"关系模式与思维谬误"里介绍，是因为没有正确认识人、言、事的关系而导致的。

与这一谬误相关的是，我们总是喜欢听赞同我们观点的话，而不喜欢听反对我们观点的话。其逻辑是这样的：既然赞同（反对）我们，那他就（不）是好人，所以我（不）愿意采纳他的观点。

还有一种思维谬误则是"断章取义"，即从别人的许多话中，选取对我们有利的观点，而无视那些对我们不利的观点。

谬误2-3：心理账户

"心理账户"（mental account）是2017年诺贝尔经济学奖得主、美国芝加哥大学的行为经济学家理查德·泰勒（Richard Thaler）提出的一个概念，是给以下这类现象所取的名称：

【例2-9】父母一般会把孩子每年得的压岁钱单独存起来，为孩子将来"专款专用"。

与之类似的是，父母把孩子的"独生子女费"单独存起来，作为孩子的"教育基金"，甚至要等到孩子结婚时作为"红包"，因此，再困难也不会动用。"独生子女费"是20世纪80年代，我国为了推行"一对夫妇只生一胎"的计划生育政策而奖励给独生子女家庭的，每月5元钱，从孩子出生起，一直发到年满14周岁。当时的月工资就几十元，因此，"独生子女费"不算少。但随着物价的不断上涨，原来每年60元的独生子女费，到了现在，基本上就没有什么购买力了。同样地，那个年代的压岁钱大概10元，如果一直存到现在，也基本上不能改善孩子的经济状况。反过来想，如果这些钱当时就用于消费，那能够购买到的东西可比现在多了不少。

其实，工资中的5元钱与"独生子女费"或者压岁钱里的5元钱有任何区别吗？没有。不过是与我们的情感有关罢了。

【例2-10】某人买彩票中了10万元，他立马就参加了国外豪华旅行团。

大多数人对于不同来源的收入会规划不同的用途，而且在使用上的"大方"程度也会不同。工资等固定收入往往用于日常开支、按揭还款等固定支出，而年终奖等浮动收入则用于旅游、耐用品购置等浮动支出，至于中彩票等意外收入，则用于平时想过但无力支付的奢华开支。可以这样说，越是不容易获得的钱，就越要精打细算；而越是容易获得的钱，就越可能大手大脚。所以，从资金管理的角度看，人们有"心理账户"的概念是一件好事，这就相当于企业的财务预算管理，可以增强计划性。但有时候心理账户会影响资金的使用效率。

我们之所以把心理账户列入"思维谬误"中，主要是因为从理性的角度看，无论收入的来源如何，其购买力是完全一样的。根据经济学理论，我们应该从效用最大化的角度来使用资金，而不是根据其来源的不同分别使用。

当然，因为效用本身就是一个主观的概念，衡量的是物品或劳务满足我们欲望的程度，由于收入的来源不同，尽管购买的物品或劳务是一样的，但我们在消费的时候，可能会有不同的感受，从而也可能带来不同的满足程度。比如，本书第二作者读小学的时候，在报纸上发表了一篇作文，得了40元稿费，他给外公买了一瓶二两装的白酒，他外公高兴得不得了，一直舍不得喝，经常拿出来"炫耀"："这是我外孙用他的第一笔稿费给我买的哟！"这个效用就不是用另外的钱所买的酒可以替代的，估计比一瓶茅台酒的效用还大呢。所以，心理账户有时候也是可以用古典经济学的效用来解释的。

谬误 2-4：沉没成本

"沉没成本"（sunk cost）是经济学的一个概念，指的是已经发生的成本。很多书中还要加一句"无法收回的"，其实完全没有必要。无论能否收回，都是沉没成本。

说到这里，你也许会问，难道还有"没有发生的"成本吗？是的，经济学所讲的成本中，就有一种是指还没有发生的成本，也就是机会成本，即如果你不用于此而用于彼，可能获得的收益。

当我们决策时，不需要考虑已经发生的成本，而是需要考虑没有发生的成本。换句话说，就是针对我们要决策的事项，从其需要投入的成本和可能的收益来考虑，是否值得去做。比如，在生产决策中，我们就不需要考虑已经投入的厂房、设备等固定成本，而是需要考虑产品价格（收益），以及需要购买原材料的费用，需要支付的工人、销售人员的工资（成本），只要前者大于后者，就是可以生产的，哪怕把固定成本分摊进来是亏损的，也可以生产，因为固定成本是沉没成本。

【例 2-11】你花50元钱买了张电影票，看了一小半，发现不行。这时，你是继续看下去呢，还是立马走人呢？

正确的做法是立马走人。因为电影票已经买了，属于沉没成本。如果继续看一部自己不喜欢的电影，那就是浪费时间。这时需要考虑的是，我继续看电影值得吗？而不要考虑我花钱买了票，不看完就可惜了。

我们在电影院里看到的大多是继续看下去的情况。如果举另外的例子，你可能就不会犹豫了。比如，你从走街串巷的小贩那里买了一包花生回来，发现是坏的，你还会因为花了钱而吃吗？同样地，如果你买了一本书，却发现这本书并不怎么样，这时，正确的决策就是不再看这本书。毕竟对于我们来说，时间才是读书最大的成本。

【例2-12】每股10元买的股票，现在跌到8元了，该怎么办？

买卖股票的唯一考虑是股价今后的走势。如果涨，那就不卖，或者继续买入；而如果跌，那就卖掉。是否卖掉与你多少钱买入无关。一只股票哪怕你是1元购入的，现在已经101元了，如果你认为还会涨，就不应该因为盈利了100倍而卖掉；反之，哪怕是100元买入的，现在已经10元了，如果你认为还要跌，也得卖出，而不能因为"套得太深"而舍不得"割肉"。所以，投资股票最重要的是对股价未来趋势的判断，而不是与买入价格进行比较。但在现实中，人们往往根据买价来确定是否卖出。当年48元买入中国石油A股的人，之所以一直不卖，就是因为他们在想：我是48元买的啊，怎么能卖呢？

很多股民是注定在股市里赚不到钱的，因为如果股价上涨，他们往往赚了点小钱就卖了；如果股价下跌，就一直套着，而等了若干年后一旦解套，就又马上卖掉了，所以一直处在"赚点小钱就跑""被套""解套就卖"的循环中，或者说一直在"被套"和"解套"的路上，连资金利息都没有赚回来。

投资实业也是一样的道理，比如投资500万元，却发现这个项目并不理想，于是继续投入1 000万元，力图"扭亏为盈"，结果是"越陷越深越迷惘"。聪明的生意人则是好赚钱就增加投入，不好赚钱就及时收手。

在现实生活中，以下例子也属于沉没成本谬误：

【例2-13】很多家庭都有一个"剩菜篓子"，就是舍不得扔掉剩菜，要把它"加吃"完。

饭菜已经做好了，就属于沉没成本了。是不是要吃完，应该以是不是有利于健康为标准。虽然俗话告诉我们"吃进去容易吐出来难""病从口入"，但我们仍然会因为"舍不得"而继续吃。如果怕扔了舍不得，那就每次做饭菜之前计划好。不妨买一个电子秤放在厨房，多次试验后，就能精确到10克左右了，也就不需要有"剩菜篓子"了。

【例2-14】老王决定戒烟已经很久了，最近终于下定了决心。戒了两天，忽然从柜子里翻出两条好烟来，是前不久朋友送的，因为怕老婆看见，就藏在衣柜里，差点忘记了。老王看到那么好的烟，扔了舍不得；送人呢，那不是害人吗？所以，老王决定，把这两条烟抽完了再戒烟。

还有不少人对过了保质期但看起来还没有变质的食物，也是舍不得扔掉的。此时，我们不妨想一想，如果找出来的是一包毒药，你还会因为"舍不得"而吃下去吗？

沉没成本谬误也在很大程度上与人的情感有关。第一，这有点像后面要讲的"禀赋效应"，人们一旦拥有了某个东西，就认为其价值更高，"舍不得放手"；第二，这也有点像后面要讲的"损失厌恶"，损失1元钱带来的痛苦至少两倍于获得1元钱所带来的快乐，为了不让自己"受伤"，结果往往是"当断不断反受其乱"，受到更大的伤害。

2.3 正面情绪导致的思维谬误

谬误2-5：盲目乐观

我们先介绍一种因正面情绪导致的常见思维谬误——盲目乐观，它也被称为"乐观偏见"。有研究表明，人们有高估自己能力和贡献的倾向。

【例2-15】75%的管理人员认为自己超过80%的管理人员的水平，90%的司机认为自己的驾驶技术高于平均水平，93%的大学教授认为自己的水平超过大学教授的平均水平。

简单的统计学知识告诉我们，只有20%的人属于顶尖的20%，也只有50%左右的人超过平均水平。可见，人们明显高估了自己的能力。好高骛远、不切实际就是这样产生的。

【例2-16】当被单独问到做了多少家务时，夫妻二人相加总超过100%。

一个家庭的家务就是100%，但丈夫说自己做了60%的家务，妻子说自己做了80%的家务，加在一起就是140%的家务，这多出来的40%就是人们高估自己努力或贡献的产物。

既然高估了自己，自然也就低估了别人，这才会出现以上两种情况。从日常生活中不难发现，我们乐于夸大自己的努力程度，但又瞧不起那些在你面前卖弄功劳的人。但有意思的是，我们常常高估自己的能力和努力，又往往低估自己的所得；也常常低估别人的能力和努力，高估别人的所得。这大概是导致很多管理问题的深层次原因之一。由于认为自己作出了20%的贡献，只分配了10%的成果，而别人只作出了10%的贡献，却分到了20%的成果，自然就认为不公平。其实，那是因为我们对自己的努力是很清楚的，但看不到别人背后的努力和汗水。

人们的盲目乐观程度是随着时间的递延而递减的。以创业为例，刚开始创业的人总认为自己会成功，否则他就不会创业了。逐渐地，他会认识到困难比自己预料的多，收益比自己预料的少，盲目乐观的程度就会下降。从人的一生来看，也是如此。年轻时总是踌躇满志，志在必得，似乎天下没有自己干不成的事情，因此，目标很远大，理想很丰满，但渐渐地，发现现实其实很骨感，于是随着年岁的增大，越来越谨慎起来。就连开车，也是老司机比新司机谨慎、稳健得多。

由于盲目乐观，人们往往会产生"偏误盲点"（bias blind spot），就是容易识别别人的谬误，但对自己的谬误视而不见。他们相信自己的观点是正确的，论据是可靠的；而别人的观点则不一定正确，论据也不一定可靠。有意思的是，偏误盲点不仅不会因为一个人的知识水平提高而减少，有时甚至会增加，因为他们往往更加自信，也就是说，"较为聪明的人更容易犯思维上的谬误"。现在问题来了：我们学习知识的目的不就是变得更聪明吗？不就是少犯错误吗？如果聪明的人更容易犯思维上的谬误，那还需要学习吗？这就告诉我们，思维方式与知识虽然密切相关，但毕竟不是一回事，有的人拥有丰富的知识但思维方式不一定正确，而有的人虽然知识并不丰富却能够正确地思考问题。

谬误2-6：诉诸怜悯

同情是人类的一种正面情绪，也就是孟子所说的"恻隐之心"。一般来说，示弱能够得到对方更多的同情，所以，女性如果具有与男性同样的能力，则更容易成功，因为大家一般认为女性是弱者，会给予她们更多的同情与关照。但在理性思维中，如果过分地被同情心所迷惑，就可能妨碍我们探寻事情的真相。

【例2-17】小偷：警官大人，您饶了我吧，我家里还有80岁的老母，如果您把我抓起来，谁来照顾我的老母亲啊。

这样的例子不只是在文学作品里出现吧。该不该被抓，与家里有没有80岁的老母，应该是没有关系的，因为这是两件不同的事。小偷所采取的就是诉诸怜悯的方式，希望能够得到警察的宽大处理。

【例2-18】员工：领导，今年我其实很努力，如果你给我评不合格，那我的年终奖就没有了。我儿子刚出生，妻子又有病，日子真是太艰难了。

工作业绩考核，自有考核办法，是否合格是根据考核办法来的，与家庭状况无关。员工把家里的困难提出来，也是诉诸怜悯。家庭困难可能是导致工作业绩不理想的原因之一，但不是考核的依据。员工可以申请困难补助。

【例2-19】学生：老师，请您让我这科及格吧，否则我就不能毕业了。如果找不到工作，我家里的经济状况就更糟糕了。

考试成绩是根据评分标准来判定的，与其他因素无关。如果因为担心学生不能毕业就给及格的话，那就不可能有不及格的学生了。既然知道家庭经济状况不佳，那就更应该努力学习，毕业后找个好工作，以改善家庭的经济状况啊。

以下情况就不属于诉诸怜悯：

【例2-20】妈妈对女儿说：多去陪陪奶奶吧，奶奶为你做了这么多。爷爷去世后，奶奶特别孤单，阿尔兹海默病也越来越严重了。

多陪陪奶奶是对的，不需要诉诸怜悯。只不过妈妈说话的时候，似乎是在诉诸怜悯。其实妈妈只需要提醒女儿"多陪陪奶奶"即可，既不需要说"奶奶为你做了这么多"，也不需要说奶奶的孤单和病情。当然，我们这是在做"理性分析"，如果"唠家常"时也要严格遵循"理性分析"，那恐怕就没有"家常味"了。

【例2-21】交通规则：礼让行人。

2017年，"礼让行人"被写入交规。此事受到热议，其实这是大多数国家的通行做法，也是法律"保护弱势群体"原则的典型应用。虽然有一些行人把马路和斑马线当成自家"客厅"，在上面边看手机边慢悠悠移动，但那是另一个问题：这些人的素质有待提高，而不是要不要礼让行人的问题。

之所以要保护弱势群体，是为了体现公平原则。一个社会的良性发展是以绝大多数人的福利得到提升为前提的，弱势群体在竞争中往往处于劣势，如果仅依靠市场规则，这一部分人的权益就难以得到保护，因此，需要法律这个市场外的力量来调节。

礼让行人的公平性还可以这样来理解：如果你不开车而在路上行走，你也就成了行人。因此，这样的规则是不存在歧视的。

诉诸怜悯之所以如此流行，就是利用了人们的同情心。被利用的人常常感到很无奈：答应吧，有悖于法（规则）或理；不答应吧，又怕被人说是无情的人。

谬误 2-7：禀赋效应

禀赋效应（endowment effect）也是理查德·泰勒提出来的，是指同样一件东西，如果人们拥有它，就会觉得它更有价值。比如成语"敝帚自珍"，俗话说"孩子是自己的好"（当然，现代法律不认为父母对孩子有所有权），作者一般都认为自己的作品更优秀，都有这方面的含义。

【例 2-22】理查德·泰勒做了一个实验：参与实验的两组学生中，一组每人得到一个咖啡杯，另一组则没有。他让两组学生分别给咖啡杯评估价值，结果是：得到咖啡杯的那组学生给咖啡杯评估的价值平均为 5.25 美元，而没有得到咖啡杯的那组学生的平均估价为 2.25 美元。

很多人不愿意扔旧东西，也与禀赋效应有关。理性地看，除非一件东西还有使用价值或收藏价值，否则就不应该让它占用那么贵的房子的空间，还为整理房间和寻找东西带来不便。"断舍离"曾经流行过一段时间，但很多人还是舍不得将旧东西扔掉。

【例 2-23】商家规定，三天内如果不满意，可以退货。

商场开始实行这样的规定时，其实还是比较担心的，就怕顾客不断地以这样或那样的理由来退货。实际上，退货的比例很低。当然也有极个别贪便宜的人，把商店当成自家的衣柜，买件新衣，穿两天就退掉，再买，再退，天天穿新衣。反正一个城市里的商店多得是，一年轮一回，说不定售货员早就换了；即便没换，售货员也认不出你来了。

为什么顾客不退货呢？除了"怕麻烦"外，还因为禀赋效应。人们一旦买了某件商品，就会对它"另眼相看"，特别是当亲朋好友说你"有眼光"之后。

【例 2-24】投资者买入某公司股票后，该公司就成为投资者"情人眼里的西施"，总觉得该公司的一切信息都是利好。

俗话说，"情人眼里出西施"。无论别人怎么看，自己的恋爱对象在自己看来总是最好的，哪怕父母反对也无济于事。其实又何止是恋人呢，股票也是如此。很多投资者就是因为不能正视现实，才被股票深度套牢。当他买入某公司的股票后，他就会以一种"全新"的眼光来看待该公司，即便股价不断下跌，他也想：该公司不错啊，总会涨回来的。反之，如果他没有买入该公司的股票，就会不断寻找股价下跌的理由，等股价跌多点再买，结果股价就在他的空仓等待中不断上升了。

禀赋效应源于人们对自己拥有的东西产生了感情，因而更加喜欢和珍惜，舍不得卖出，所以就给出了更高的估价。

但以下情况不属于禀赋效应：

【例2-25】卖家要10元才愿意卖，而买家只愿意出5元买，两者讨价还价。

这恐怕是商场里最常出现的现象，我们不太可能遇到相反的情况吧：

买家：你这东西多少钱？

卖家：10元。

买家：这也太便宜了吧，我出15元。

卖家：那不行，你想施舍啊，看你耿直，我8元卖给你。

> 即问即答2-2：请思考一下，例2-25为什么不属于禀赋效应？

大家认真思考一下禀赋效应的含义，那是针对同一个人的，也就是说，张三在拥有一件东西之后对该东西的估值，高于他拥有该东西之前对该东西的估值。而在例2-25中，虽然面对的是同一件东西，但是买家和卖家是两个不同的人。对同一件东西，不同的人有不同的估值，这是再正常不过的事情，这也是为什么有的人买而有的人不买的原因之一。此外，研究也表明，对于低买高卖的商人来说，也不存在禀赋效应，因为他们购入商品的目的就是出售，而不是拥有。他们之所以要以高于买入价的价格出售，不过是为了获利而已。

如果从这个视角重新审视例2-22中的实验，就有值得商榷的地方，因为参与实验的两组学生是不同的人，但由于他们是被随机选择的，而且都是大学生，所以可以近似地看成"同一个人"。

2.4 负面情绪导致的思维谬误

谬误2-8：诉诸恐惧与威吓手段

人类一直以来就有对死亡、疾病、失去亲人等的恐惧，这与我们远古祖先的生存环境有关。正因为人们有恐惧心理，才会被别有用心的人利用威吓手段而达到其目的。所谓威吓手段，就是通过自己的优势地位威吓对方，让对方服从自己，哪怕对方不认可自己的观点。

【例2-26】父亲对上大学的儿子说："连我的话都不听了？是谁供你读书的？"

父子之间出现意见分歧，谁对谁错与谁出钱无关。儿子长大之后，当然不可能像小时候那么"听话"，难免会反驳父亲的观点，或者不愿意接受父亲的安排，于是，父亲常常会"不由自主"地（往往是因为习惯了，因为这种方法原来一直奏效）以这样的方式来威吓：如果不听话，那就不供你读书。其实，这样的威吓是无用的，因为儿子知道父亲不会这样做，不过是吓唬吓唬自己罢了。但当孩子很小的时候，这样的威吓还是"有用"的。

【例2-27】父亲：你如果成绩还是这样差劲，今后就只能捡破烂了。

在"万般皆下品，唯有读书高"的社会，无论父辈是不是读书人，都希望自己的子女是读书人。很多在20世纪八九十年代创业的老板，自己文化水平不高，但大都希望自己的子女成为"文化人"。父亲以"捡破烂"来威吓孩子，使之产生恐惧感。其实，成功的道路有千万条，所谓"三百六十行，行行出状元"。成绩好不好也跟威吓没有关系，威吓可能还会适得其反。

与之类似的是，家长说"再哭的话，大灰狼就来了""不听话就不准吃饭"等，都是威吓孩子的方式。

【例2-28】网络上曾报道过一些官员接到威吓信的消息：信封里装着一张官员与陌生女子在床上的裸体照，官员的脸部很清晰，但女子是背对着他的，扑在他怀里。信封里还有一封打印的信，要官员在几天之内将20万元汇到一张银行卡上；否则，这张照片就会贴满他所在城市的大街小巷，纪检部门也会收到照片。

利用恐惧心理、采取威吓手段，也是骗子经常采用的办法。比如，盗用微信账号或电话号码，冒充某人的朋友、同事等，向他的亲属谎报他出了车祸或生了急病，需要马上住院动手术，需要多少多少钱；等第一笔钱到手后，又说病情严重，还需要多少多少钱。这样一步一步诈骗，等到被害人清醒过来，已经被诈骗了好几笔钱了。

这些诈骗者就是利用亲人之间的情感制造恐惧，使人在一时慌乱之下，"病急乱投医"。后来各大银行设定，向陌生账户转款的，在办理24小时后才能转出，这实在是一项善举，特别是对于必须到银行柜台办理转账手续的老年人（也恰恰是上当受骗最多的群体）来说。延时转账，可以避免人们在情急之下被骗，很多人在转款后很快就清醒过来了。

回到例2-28，其实这些照片都是PS（拼接）出来的，骗子先从网上找一张官员的照片，然后将其头部PS到另一张裸照里的男人身上。这种威吓加诈骗的信之所以能够频频得逞，当然是因为有些官员自己有这样的行为，也不清楚自己的行为是不是真被别人"留真"了，于是一接到这样的信，就心生恐惧，首先想到的就是寄钱去"息事宁人"。犯罪嫌疑人到处寄这样的威吓信，总会有人"上钩"的。殊不知，如果这裸照是真的，犯罪嫌疑人只会"变本加厉"地敲诈，怎么可能"息事"呢？那则消息就是因为那位官员被敲诈了多次，实在"受不了"了，最后才不得不报警的。

现在，电信网络诈骗案件非常普遍，其中最典型的是清华大学黄教授被骗案，金额高达1 800万元人民币。犯罪嫌疑人是一个以刘姓男子为首的台湾诈骗团伙，他们冒充最高检工作人员，称黄教授涉嫌"洗钱"，进行恐吓。据估计，网络电信诈骗的"从业人员"高达160多万，诈骗金额达1 150多亿元[1]。骗子的手段无论如何"翻新"，都离不开利用人们的贪利和恐惧两种心理。人们在恐惧的时候，理性思维能力急剧下降，会想方设法地"逃脱"恐惧，往往不惜任何代价。此外，很多人碍于面子，不愿意报警，甚至不愿意跟家人、朋友说，怕人家说自己太弱智了。还有一些人觉得即便报了警，也不太可能追回钱财，而笔录等还很麻烦，所以就放弃了。特别是当被骗金额不大时，人们更容易"哑巴吃黄连"，而骗子正是利用了人们的这种心理，逃过警方的打击。

---

① 中国新闻网. 北京清华大学女教授被骗1 800万元人民币，8名台湾嫌犯落网［EB/OL］.（2017-02-16）［2021-09-11］. http://www.chinanews.com/tw/2017/02-16/8151934.shtml.

【例2-29】领导：你再出错，就走人。

在一个制度化管理的单位，员工会不会被开除或辞退，是根据单位的人事管理制度来裁定的，不是领导一句话就可以生效的。但由于人类社会的绝大多数时间不是法治社会，因此，人类的基因里就有这种不按规定办事的因素，在情绪激动的时候就可能说出这样威吓的话来。

诉诸恐惧与威吓手段还会被人利用在所谓的"善良动机"上，比如，在巴基斯坦和阿富汗交界地区，小儿麻痹症是一种常见的地方性疾病，但为当地儿童注射预防疫苗的努力遭到了保守派人士的阻挠，他们对村民说，这些疫苗是敌对国家提供的，注射后会导致儿童绝育①。这种以"假想敌"为对象的宣传手段往往很奏效。

当然，并非所有的诉诸恐惧与威吓手段都是谬误，比如，告诫自己或别人酒后驾车可能导致交通事故，是因为这样的因果关系的确存在，而且可能性不低；再比如，面对歹徒持刀抢劫的威胁时，就要评估自己的实力能否斗得过歹徒，或者奔跑速度是否快过歹徒，否则还是把钱包给他，因为生命毕竟比钱财更重要。这个时候不能探讨钱包是谁的，而要保护自己的身体不受伤害。

谬误2-9：源自愤怒

"冲动是魔鬼"，人们在愤怒的时候，更容易出现违背理性的情况，因此，就有了源自愤怒的思维谬误。愤怒不仅导致思维谬误，也可能导致行为错误，所谓"小不忍则乱大谋"，其实也是告诫我们不要轻易愤怒。

【例2-30】因为孩子考试成绩不理想，父亲一怒之下取消了早就答应孩子的暑假旅行。

应不应该去旅行，与孩子这个学期的考试成绩没有必然联系，虽然可能父亲曾经承诺过"考好了我们就去旅行"。读万卷书，行万里路。旅行是增长孩子见识、锻炼孩子能力的很好的方式，不能说孩子的考试成绩不理想，就不需要增长见识、锻炼能力了。父亲的想法可能是：因为考试成绩不理想，假期就需要补习，所以不能去旅行。

【例2-31】他兄弟上次就骗了我，他说的话也不可信。

我们不仅会因为对某人或某事愤怒而否定其人、其事，还会因对某人或某事愤怒而否定其他相关的人或事，这叫"迁怒"。俗话说"龙生九子，各不相同"，一个人所说的话是不是值得相信，要从这个人所说的话本身来判断，不能用是谁说的作为判断标准，更不能根据与之相关的人来判断。然而，因为"迁怒"的存在，"聪明"的下属会瞅准领导高兴的时候汇报工作或请领导签字，"聪明"的小孩也会选择在父母高兴的时候提出要求，这就是我们常说的"看脸色行事"。在这样的环境下"成长"起来的员工或孩子，其批判性思维能力会受到制约，其判断的标准会从"真伪正误"变为"喜怒哀乐"。

---

① 博斯 J A. 独立思考：日常生活中的批判性思维 [M]. 岳盈盈，翟继强，译. 北京：商务印书馆，2016：124.

【例 2-32】员工：搞什么名堂，新领导一来，就要考核我们。

绩效考核是员工管理的重要方面。原来没有考核制度，那是原来不正确。实施业绩考核，当然会增加员工的压力，引起员工的不满甚至愤怒，这在情理之中。但我们不能因为某事令人不满或愤怒，就认为它不正确。愤怒只是一种情绪，不是证据。

需要注意的是，如果某项制度会使大多数人不满甚至愤怒，即使它是正确的，也要慎重。因为制度和真理的区别就在于，真理是以正确性为标准的，而制度是以适合性为标准的，最合适的制度才是最好的制度。如果某项制度可以放之四海而皆准，那我们就只需要"抄袭"这项优秀制度，而不需要制订自己的制度了。在民主社会，一项制度的实施需要得到大多数人的同意和支持。如果大多数人不同意，说明他们的认识还没有达到看清楚制度的适合性的程度，还需要做宣传教育工作。

源自愤怒的思维谬误是最容易发生在我们身上的，因此，不要在愤怒中作出判断和决策，特别是对于一些重要事项。父母很容易因为愤怒而在孩子身上出气，因此，即便孩子犯了错误，也要"半小时后再教育孩子"，这时候你会冷静下来，对孩子的错误作出合理的判断，就不会说了不该说的话而伤害孩子了。谁不会犯错误呢？何况是孩子，他们就是"在错误中成长"的啊。夫妻之间遇到不愉快的事情，也最好"半小时后再吵架"，这时可能就不会吵架了。领导批评下属，也最好在事件发生的"半小时"之后。这是我们总结的"半小时原则"，实践证明，这是很有效的。

谬误 2-10：损失厌恶

损失厌恶（loss aversion）是 2002 年诺贝尔经济学奖得主丹尼尔·卡尼曼与其长期合作者阿莫斯·特沃斯基（Amos Tversky，1937—1996）提出来的，指的是人们对于同等数额的金钱，损失时所感受到的负效用，要远远超过获得时所感受到的正效用。很多研究表明，损失厌恶值为 2.5。也就是说，损失 1 元钱所带来的负效用，是获得 1 元钱所得到的正效用的 2.5 倍。我们先看一个小实验。

【例 2-33】小实验：以下五种结果，你会选择哪一种？

A.100% 获得 100 元。

B.50% 的可能性获得 200 元，50% 的可能性什么也得不到。

C.50% 的可能性获得 300 元，50% 的可能性损失 100 元。

D.1% 的可能性获得 10 000 元，99% 的可能性什么也得不到。

E.1% 的可能性获得 10 200 元，99% 的可能性损失 2 元。（相当于买彩票）

实验结果表明，大多数人选择 A，也就是稳拿 100 元。

在古典经济学中，有一个"预期收入"的概念，就是将各种可能的收入，乘以其发生的可能性（概率），然后加总。据此，以上五种选择的预期收入是一样的，都是100 元，那么，选择就应该不会有差异呀，为什么大多数人选择 A 呢？损失厌恶能给我们提供答案。

如果把损失厌恶值 2.5 考虑进来，那么，例 2-33 中的各个选项的预期收入就不都是 100 元了。比如选项 C，其预期收入就变为：150−50×2.5=25（元），比 100 元少多了。至于选项B和D，虽然不存在损失的问题，但人们觉得选择也是需要花费时间成本的，因此，不如直接选择A。

如果把金额扩大100倍呢？当然，由于金额过大，不可能拿那么多钱来做实验，因此没有实验结果。我们在教学和培训中做过调查，发现此时选择A，也就是稳拿10 000元的人数会大幅度增加。而如果把金额缩小100倍，选择E的人的比例大幅上升，因为1元钱的金额太小了，不如花2分钱碰碰运气，说不定还能够得到102元呢。这也就是为什么虽然有损失厌恶存在，彩票业仍然很兴旺的原因。

【例2-34】我们在做企业培训时，曾做过这样的调查（注意：不是实验，因为实验是需要用"真金白银"来做的）：如果公司给你1 000元奖金，你会高兴多长时间？反之，如果处罚你1 000元，你会不高兴多长时间？

调查结果是，如果获得1 000元奖金，高兴时间平均为1.5小时；而如果被处罚了1 000元，则一天都不会舒服。我们那次是给中高层管理人员做培训，其年收入在30万元以上，相对说来，高兴或不高兴的时间要短些，但从中也可以看出，获得和损失同等金额，其正、负效用相差还是很大的。

我们从自己的经历中也能感受到，如果获得1 000元额外收入，我们肯定会很高兴，但要不了多久就忘记了；而如果发现自己的1 000元钱找不到了，那肯定会把所有的衣服口袋和包包翻个遍，甚至要翻箱倒柜地寻找，并不断回忆到底是在哪里弄丢的、是不是被小偷摸走了。可见，获得和损失同等金额的感受是大不一样的。

其实何止是金钱，名誉、职位等也同样会有损失厌恶，甚至损失厌恶值更大。比如，把你从科长提拔为处长，和把你从处长降级为科长相比，损失厌恶值估计远远超过2.5。例2-34中的调查不仅是奖金和罚款的金额问题，而且涉及名誉，所以，其损失厌恶值就大于2.5。

损失厌恶源于人们对风险的畏惧，所以也可以叫它"风险厌恶"，就是人们更愿意接受确定性高的结果。即便在没有损失的情况下，人们也更愿意接受确定的，而不是不确定的结果。这就能解释在例2-33中，人们更愿意选择A，而不愿意选择B和D。

人类对风险和损失的厌恶是与人类自古以来所处的恶劣的生存环境有关的。为了提高生存的可能性，人们就会选择更加保险的生存方式，而拒绝不确定的结果。

谬误2-11：群体心理

两千多年前的古希腊哲人亚里士多德就曾指出，人是"社会性动物"，或者说，人是"群体动物"。群体动物的典型特征之一就是情绪会受到所在群体情绪的影响，有时甚至会丧失自己独立思考的能力。

【例2-35】"足球流氓"。

在世界杯比赛期间，我们常常会看到有关"足球流氓"的报道。这些人会在自己喜爱的球队失败甚至胜利、自己喜爱的球员被裁判给"红牌"等情况发生时，作出一些有悖于常理的行为，如往球场里乱扔东西、跑进球场殴打裁判或对方队员，甚至裸

2 情感导致的思维谬误

奔等不道德行为。让我们想一想，这样的行为会不会在那些在家里观看电视转播的人中发生呢？应该不会，因为在家里观看电视转播的人不会因群体心理而作出出格的行为。

【例2-36】某小区长期以来一直有财产被盗，某天保安抓到一个小偷，最后这个小偷被愤怒的人们打死了。

之所以发生这样的事，除了人类天生的社会动物性外，还因为"法不责众"，即便出了问题，也不能处理所有人，于是，有人就有侥幸心理。像打群架，过去农村发生过两个村庄或两个家族之间的械斗，城市的小青年也发生过约架等，这都是群体心理的产物。

群体心理也叫从众心理、羊群效应，一群羊总是跟着"领头羊"行动，哪怕是跳落悬崖。要更多地了解群体心理，建议大家读一读法国思想家勒庞的《乌合之众》。

本章小结 ✓ --------------------------------------●

1.人既有理性的一面，也有感性的一面。因为有感性的一面，我们要面对很多谬误，但我们可以用理性去避免陷入这些谬误之中。如果你想超越大多数人，就更应该避免这些"常见的"思维谬误。

2.由于乐观、同情、爱惜等正面情绪，我们往往会盲目乐观、诉诸怜悯，对所拥有的东西产生禀赋效应。

盲目乐观：我们常常高估自己而低估别人。

典型例子：90%的司机认为自己的驾驶技术高于平均水平。

诉诸怜悯：利用别人的同情心而忽视观点或行为本身。

典型例子：小偷：警官大人，您饶了我吧，我家里还有80岁的老母，如果您把我抓起来，谁来照顾我的老母亲啊。

禀赋效应：同样一件东西，人们在拥有它之后，就会觉得它更有价值。

典型例子：买入某公司股票后，就往往把该公司的任何消息都看成利好。

3.由于恐惧、愤怒、惧怕等负面情绪，我们常常会陷入诉诸恐惧与威吓手段、源自愤怒、损失厌恶、群体心理等思维谬误。

诉诸恐惧与威吓手段：通过威吓或令人产生恐惧，使人接受自己的观点。

典型例子：领导对员工：再和我唱反调，小心你的饭碗。

源自愤怒：因为对某人或某事愤怒而否定其人、其事，或因对某人或某事愤怒而否定其他人或事。

典型例子：父母因孩子期末考试成绩不理想，就愤怒地取消了原计划的暑期旅游。

损失厌恶：损失1元钱所带来的负效用（绝对值）大于得到1元钱所获得的正效用。

典型例子：处罚1 000元的刺激作用远远大于奖励同等金额。

群体心理：因受所在群体的情绪影响而减少独立思考。

典型例子："足球流氓"。

4.双重标准、因人纳（废）言、心理账户、沉没成本等谬误，不太容易区分是因为正面情绪还是负面情绪导致的。

双重标准：面对相同的对象，对自己或自己喜爱的人所采用的标准，不同于对自己不喜爱的人所采用的标准。

典型例子："只许州官放火，不许百姓点灯。"

因人纳（废）言：因喜欢（讨厌）一个人而认为他的观点也是对（错）的。

典型例子："情人眼里出西施。"

心理账户：人们对不同来源的同等收入，会认为其价值不同。

典型例子：压岁钱、独生子女费。

沉没成本：人们往往纠结于已经投入的成本而进行决策。

典型例子：股市被深度套牢。

进一步阅读 ✅ ------------------------------- ●

[1] 摩尔 B N, 帕克 R. 批判性思维 [M]. 朱素梅, 译. 北京：机械工业出版社, 2020：第6、7、8章.

[2] 巴沙姆 G, 欧文 W, 纳尔多内 H, 等. 批判性思维 [M]. 舒静, 译. 北京：外语教学与研究出版社, 2019：第5章.

[3] 博斯 J A. 独立思考：日常生活中的批判性思维 [M]. 岳盈盈, 翟继强, 译. 北京：商务印书馆, 2016：第5章.

[4] 谷振诣, 刘壮虎. 批判性思维教程 [M]. 北京：北京大学出版社, 2006：第四章第三节.

思考题 ✅ ------------------------------- ●

1.以下陈述是否属于思维谬误？如果是，属于哪一类（甚至几类）？请说明理由。

（1）丽丽：我们班的张杰不仅长得帅，还是篮球场上的明星，我太喜欢他了。他说罗成偷了李明的钱包，那肯定没错。

（2）你有什么资格和我辩论？你问问全班同学，谁不讨厌你？

（3）我的股票已经被套了，我准备再投入点钱，摊低持仓成本。

（4）我如果数学考试成绩不及格，会被我爸爸揍的，老师帮帮忙吧。

（5）放心好了，没有我做不到的事情。

（6）那么多人都说这本书不错，我想肯定不错。

（7）如果你这次不支持我，今后你要找我办事，没门。

（8）老板，我来公司5年了，早该加薪了。顺便说一句，今后您和秘书"加班"

的时候，建议您把摄像头关了。

（9）都说那个地方闹鬼，你千万不要晚上回家时路过那里。

（10）我养这只小狗已经3年了，它乖得很，没有10 000元我是不会卖的。

（11）这笔钱是我外婆留给我的，坚决不能动。

（12）这家伙的话你也信？他昨天还因为打架被老师批评了。

（13）你问凭什么你不能参加作文比赛，也不看看你这德性，连话都说不清楚。

（14）喝醉了的丈夫对喝了酒的妻子咆哮：哪有女人在外面喝酒的，成何体统？

（15）怎么了？你要投票支持那个无耻的家伙？你简直是疯了。

2.人有七情六欲，是情感动物，不可能什么时候都完全理性，不带感情色彩。那么，我们如何对待这些"源于情感（情绪）"的谬误？

3.喜新厌旧是人们的一种普遍心理，这是否有悖于禀赋效应？请解释。

4.如果你是某单位的管理者，需要制定一项激励政策，你如何利用"损失厌恶"？

5.请讨论：为什么创业的人总是少数？

6.随着城市化进程的加快，农村有不少荒芜的土地。但如果有人要租这些荒芜的土地，农民往往会漫天要价。这可以用禀赋效应来解释吗？为什么？

7.经济学里有个著名的案例"公共地悲剧"，指的是人们不会爱惜产权不清的"公共地"，因而导致"公共地"的过度使用，明晰产权是解决"公共地悲剧"的最佳方法。这是否可以用禀赋效应来解释？为什么？

8.假如你花30元买了一本书，看了前面几页，觉得没什么意思，又随机翻了几页，也发现写得不行。你是硬着头皮读下去呢，还是放弃阅读？

9.从你身边的事例或所阅读的材料中，找出与本章所讲述的思维谬误相关的例子，并在你的学习小组中分享。

3

源自信息（知识）的思维谬误

你看不见你自己，你所看见的只是你的影子。

——泰戈尔（1861—1941，印度诗人，1913年诺贝尔文学奖得主）

课前思考 ☑️

1.当你听到"某食物能够降三高"、某股评人说他推荐的股票涨幅可能超过三倍这样的信息时，你有什么反应？

2.当你准备去某单位应聘时，你是如何了解该单位的薪酬福利等信息的？你相信招聘人员跟你说的一年最高可拿到多少万元的信息吗？

3.你会不会因为刚到某个城市就看到三起盗窃事件而质疑该城市的安全状况？

4.如果让你调查某小区居民的幸福指数，你准备如何选择调查对象？

5.在你走进新单位的第一天，有人对你热情有加，有人对你不理不睬，有人对你品头论足，你对这几类人有什么评价？

6.你是否有追求最佳的想法？你知道什么是最佳吗？

7.你会不会根据自己的经验、想法、所了解的有限信息去推断别人的想法和行为？

本章导读 ☑️

自古以来，信息就是稀缺资源，所以，间谍的历史和人类的政治史、军事史一样古老。我们进入信息社会后，虽然面对的是海量信息，但里面不一定有我们需要的信息。相对于我们的需要来说，信息永远是有限的、不完全的。当我们与人交往的时候，我们所掌握的信息与对方所掌握的信息，也永远是不对等的，其中还充满了欺诈和假象。

因此，我们要尽量避免因信息导致的思维谬误。

由于信息不完全，我们可能会犯以下错误：草率概括（小样本谬误）、抽样错误、局部错误、最优谬误等；而由于信息不对称，我们又可能推己及人、自以为是、无端猜测、轻信虚假信息。

虽然信息不完全和信息不对称是"常态"，即便我们认识到这些思维谬误，我们也不能完全避免，但我们可以通过改善我们所拥有的信息的状况，而使这些谬误出现的频次降低，程度减轻。

3.1 信息（知识）与思维谬误

我们对世界的认识是建立在我们所掌握的知识和信息的基础之上的，但我们不可能掌握所有的知识和信息，因此，如果我们"不自量力"地对自己不熟知的对象作出判断，就很可能产生谬误。

在信息和知识面前，我们面临两大局限：第一是信息（知识）不完全，第二是信息（知识）不对称。为了阐述方便，我们把知识和信息合在一起，统称为"信息"。如果要严格区分，两者是有区别的。信息的含义要广得多，泛指传播的一切内容。信息论的奠基人香农（Claude Elwood Shannon，1916—2001）认为"信息是用来消除随机不确定性的东西"，也就是能够帮助我们更加确定地认识对象的东西。比如，我们不知道明天会不会下雨，那么，天气预报的信息就能够帮助我们对明天是否下雨有更加确定的认识。相对说来，知识的范围要窄些，我们常常认为"知识"是已经"定型"的、正确的信息。所以，我们把学校称为传播"知识"的地方，而不是称为传播"信息"的地方。在本书论述的范畴内，我们不严格区分知识和信息，这不会产生更多的误解，反倒能够使行文更加简洁。

由于信息不完全和不对称，人们往往盲目迷信、以偏概全、以己推人，因而产生思维谬误，我们把这些称为"知识的局限性"。

3.1.1 人类知识的局限性

人类的好奇心和求知欲是无穷的，但迄今为止，无论我们所探求的知识有多少，我们所获得的知识相对于我们想了解的知识来说，总是有限的。

知识的局限性主要表现在以下几个方面：

首先，对于整个人类来说，我们所掌握的知识相对于我们未掌握的知识来说，是非常有限的。不要说宇宙学、神经科学等人类探知甚少的领域，即便是物理学这样的成熟学科，人类所掌握的知识仍然是有限的。

其次，从个人来说，不要说我们不了解或不甚了解的学科领域，即便在我们自己的专业领域，我们所掌握的知识仍然是有限的。

再次，当我们面对一个具体的人或问题时，我们总感觉自己所掌握的知识是非常有限的。比如，我们对站在面前的人真的了解吗？哪怕彼此相识相处多年，比如夫妻、朋友。面对一个问题时，我们制定的解决方案真是最好的吗？

最后，即便是对于我们自己，也不一定是很了解的。比如，当我们选择专业、职业、配偶时，我们真的是按照自己的喜爱和特长而选择了正确的吗？

知识（信息）的局限性可谓无处不在。但当我们面对知识（信息）的局限性时，不能因为我们的局限性而踟蹰不前、无所作为，而是要正视这种局限性，知道自己的不足，能够根据所获知的信息的完善程度，与时俱进地改进自己的认识和解决方法。

3.1.2　信息不完全

什么是信息完全？这是源自古典经济学的一个概念，古典经济学就是建立在完全信息的基础上的。所谓完全信息，至少有以下含义：

（1）你想知道的都知道。

（2）不仅你想知道的都知道，而且不需要成本。在古典经济学里，是没有"信息成本"概念的，包括没有时间成本和金钱成本。这就意味着，你想知道的不仅可以马上知道，而且不需要支付费用。

（3）不仅你想知道的都知道，而且你能够正确理解其真实含义。当我们面对信息时，不同的人可能有不同的理解，但完全信息则假定所有人的理解都是一样的，而且所理解的是该信息的正确含义。

在以上三点中，最重要的是第一点，即你想知道的都知道。但实际上，现实世界是不满足以上任何一点的。我们以股票投资为例。首先，我们想知道的不一定能够知道，比如我们想知道某公司的财务报表是不是弄虚作假，但我们不知道。其次，我们也不能马上和免费获得该公司的经营信息，必须要等到上市公司的季报、年报公布后才知道。如果想得到一些内部信息以及对该公司的研究报告，我们还需要支付费用。再次，我们对信息的理解也是不一致的，每当该公司发布信息时，不同的人会有不同的理解。没有买股票的人可能认为是好消息，就买入；而有股票的人则可能认为是坏消息，想卖出。这真有点钱钟书先生所说的"围城"的味道。

3.1.3　信息不对称

同样地，要了解什么是信息不对称，先要知道什么是信息对称。所谓信息对称，就是你知道的我知道，而且你知道我知道，而且我知道你知道，而且你知道我知道你知道……如此以至无穷。

以上的话有点像绕口令，还是举一个现实的例子吧，我们以第二次世界大战中著名的"诺曼底登陆"为例。

（1）盟军要在诺曼底登陆，德军不知道，所以是信息不对称的。

（2）假定德军知道盟军要在诺曼底登陆（据说有个上校向希特勒报告，说盟军要在诺曼底登陆，但希特勒刚愎自用，没有相信；否则，第二次世界大战的结果可能就不一样了），但盟军不知道德军知道盟军要在诺曼底登陆，同样是信息不对称的。

（3）假定德军知道盟军要在诺曼底登陆，而且盟军也知道德军知道盟军要在诺曼底登陆，但德军可能不知道盟军知道德军知道盟军要在诺曼底登陆，所以，还是信息不对称的。

......

还可以这样不断地推演下去。

我们也可以从结果反过来推演：

（1）盟军要在诺曼底登陆，但德军不知道，最终是盟军胜利了。

（2）如果德军知道盟军要在诺曼底登陆，而盟军不知道德军知道盟军要在诺曼底登陆，盟军还是按原计划在诺曼底登陆，但因为德军知道盟军要在诺曼底登陆，肯定会重兵防守诺曼底，结果可能是盟军失败。

（3）如果德军知道盟军要在诺曼底登陆，而且盟军也知道德军知道盟军要在诺曼底登陆，盟军可能会"将计就计"，佯装在诺曼底登陆，但改变真正的登陆地点和作战计划，那结果很可能还是盟军胜利。

（4）如果德军也知道盟军知道德军知道盟军要在诺曼底登陆，那德军就会继续打探消息，以判断盟军是"将计就计"还是改变登陆地点……

总之，这个推演可以不断进行下去。

《孙子兵法》云"知己知彼"，其实还不算信息对称。不仅要知己知彼，还要知彼是否知己，还要知彼是否知己知彼……

很显然，现实世界也不满足信息对称的条件。

由于信息不对称，就存在信息的优势方和劣势方。比如，在招聘中，应聘者是信息的优势方，他知道自己是否真正具有某方面的才能、是否有高尚的品德；而招聘者则是信息的劣势方，他只能通过学历、工作经历等外在表征来判断。所以，如何通过面试进一步判断应聘者的品德和能力，是一门需要不断研究的学问，这就是人力资源管理中的"识人"。再比如，在股东和管理者的关系中，管理者是信息的优势方，他们比股东更加清楚自己的努力程度和公司的经营状况，所以，如何激励经营者也是一门学问，这就是委托-代理理论。同样地，在管理者和员工的关系上，管理者是信息的劣势方，员工是信息的优势方，员工比管理者更清楚自己的工作状况，所以，如何管理和激励员工也是一门学问。经济学将信息不对称问题推而广之，把信息的优势方称为"代理方"，而把信息的劣势方称为"委托方"，所有的信息不对称问题就都是委托-代理问题。这个问题推广到政治学领域，人民把国家委托给政府管理，人民是信息的劣势方，政府是信息优势方，同样是一个委托-代理问题。

当然，信息的优势方和劣势方不是绝对的，而是相对的。可以这么说，每个人既是信息的优势方，又是信息的劣势方，这取决于从哪个方面来看。比如前面提到的企业管理者，在企业经营方面，相对于股东来说，他们是信息的优势方；而在员工工作状况方面，相对于员工来说，他们就是信息的劣势方。同样地，招聘方在应聘者的品德和能力方面，相对于应聘者来说，是信息的劣势方；但在公司的经营状况、薪酬待遇等方面，又是信息的优势方。

随着信息社会的不断发展，信息不完全和不对称问题可以得到一定程度的解决，但不可能从根本上解决，因为人们在竞争过程中，会不断地搜集竞争者的信息，主动公开对自己有利的信息，并严格保守对自己不利的信息和商业机密。

3.2 信息不完全导致的思维谬误

谬误 3-1：草率概括（小样本谬误）

我们所掌握的信息是不完全的，因惰性使然，人们往往不愿意更多地了解信息，而是根据所了解的有限的信息作出判断。比如，一个单位只有100人，你可能认识大多数同事，比如认识80人；但如果一个单位有1 000人，你认识的人反倒没有80人，而只有60人，这是为什么呢？因为你觉得100人的单位不大，很容易认识所有的人，所以才会去认识；而1 000人的单位呢，你觉得反正也不可能全部认识，就不会有意识地认识更多的人了。所以，在一个大单位里，很可能连相邻班组的人也不认识，只认识同班组的人。

如果我们把这种惰性延伸开来，就容易出现"草率概括"的思维谬误，也可以叫"小样本谬误"。

【例 3-1】如果你来到一座陌生的城市，刚出火车站就目睹了三起盗窃之事，你很可能认为这座城市不安全。

本书第一作者当年从湖南老家到成都上大学，途经重庆转车，就在菜园坝火车站遇到了两起小偷小摸之事，对重庆的这种不良印象直到在重庆定居多年后才消失。

也正因为如此，各地开展"文明城市""卫生城市"建设时，一定会把车站、机场、码头等"窗口"作为重点打造之地。一个单位也会非常注重"窗口"，如接待处的形象建设，因为人们往往会"先入为主"，非常重视第一印象。不仅是城市、单位，就连个人，也要注意交往中的第一印象，这对进一步交往非常重要。

其实，注重第一印象就是小样本谬误的延伸。我们常说"要知道梨子的味道，就得亲口尝尝"；但我们也知道"要知道梨子的味道，没必要把整个梨子吃完"。因为人们的时间和精力都是有限的，所以，往往会依赖小样本得出结论。如果这种小样本属于新闻报道，就更容易导致草率概括。

【例 3-2】如果媒体刚报道了空难，乘坐飞机的人数就会下降。

报道空难后，人们感到坐飞机不安全，于是改乘其他交通工具。实际上，无论从事故发生的概率还是伤亡人数来看，乘坐飞机都是最安全的出行方式。据统计，车祸丧生的可能性是飞机失事丧生的16倍。但人们为什么对空难如此耿耿于怀呢？那是因为一旦发生空难，全球都会在第一时间进行报道，从而产生"新闻效应"。而一般的车祸，要么没有报道，要么只在地方新闻上"一笔带过"，因而人们印象不深，影响也不大。除了交通事故外，其他方面的新闻报道也会产生类似的效果。比如，当媒体报道恐怖袭击事件后，民调显示，大众认为社会安全系数降低。所以，根据"新闻效应"来进行概括或归纳，也属于小样本谬误。

【例 3-3】如果你在大街上连续问了三个人"要不要买空调"，他们都告诉你不买，你会不会认为空调在这座城市没有销路？

专业的市场调查人员一般不会这么草率地得出结论，但在日常生活中，我们就未必如此严谨了。比如，如果先后有三个人告诉你"隔夜茶不能喝"，你估计也会相信。隔夜茶是不是都不能喝？还是有些茶（比如绿茶）的隔夜茶不能喝？隔夜是时隔多长时间？这都需要有科学的论据。如果仅仅是"隔夜茶"的问题，那也无足轻重，大不了浪费一杯茶水而已。但如果是涉及对某人或某件重要事情的判断，这样的草率概括就可能导致难以预料的结局。成语"三人成虎"就是源自这样一个故事。

我们不仅会从小样本中概括出一些似是而非的结论，还会因为记忆的关系进行小样本概括。

【例3-4】在美国，有一种观念非常流行："死亡也会休假。"临终的病人总能将死期推迟到重大的节日或自己的生日之后。

真会这样吗？当然不是。只是人们容易记住这些过了重大节日或生日而去世的人而已，因为重大节日和生日在一年365天中是少数。

"媒体谬误"和"难忘事件谬误"都属于小样本谬误。媒体报道的事件往往是大事件、发生概率低的事件，而人们更容易记住"难忘事件"。比如，我们能够记住"汶川大地震"时自己在哪里，正在做什么，但记不起一周前甚至昨天自己做了什么。由于记忆有选择性，人们又过于相信自己的记忆，因此过于相信小样本得出的结论。

此外，我们还会仅从自己身边的少数例证，并且是"选择性记忆"的例证中，作出错误的判断。

【例3-5】我才不信吸烟、喝酒有害健康的话，也不相信每天刷牙对健康有利，我们村的张大爷，一辈子抽烟、喝酒、不刷牙，还不是活了98岁。

这恐怕是最典型的以个案来论证的例子了。人与人之间的个体差异很大，张三的情况不一定适合李四。特别是对于"长寿"这样的问题，个人的经验更是千差万别。

谬误3-2：抽样错误

谬误3-1是因为样本数量太小而导致的思维谬误，那如果我们把样本数量扩大呢？如果能够对"总体"进行调查，那当然是最好不过了，但有时因为"总体"太大，调查成本太高，我们只能从总体中选择样本。在抽样调查中，同样可能出现错误。

【例3-6】某单位在制定福利房分配方案时，有这么一条"正处级干部单列"。有"群众来信"指出这是搞"干部特殊化"，于是，该单位召集工会执委会开会。工会执委会的成员都是副处级，因利益与己无关，就"一致通过"剔除该条款。

涉及利益问题时，应该征求的是利益相关者的意见。利益相关者包括正相关和负相关两个方面。如果完全由一群利益无关者来决策，那就是样本错误。当然，如果完全由一群利益正相关者来决策，或者完全由一群利益负相关者来决策，同样是样本错误。

即便不涉及利益问题，最好的办法也是"随机抽样"，就是从总体中随机抽出一定百分比的样本。比如，要调查员工对单位收入的满意情况，就应从各个层次、各个部门随机抽取样本。如果仅调查高收入者，或仅调查低收入者，得出的结论就会有问题。

但即便是随机抽样，也会出现以下错误：

比如，一个不透明的袋子里装有100个彩色球，红色和蓝色各50个。随机从袋中摸出10个球，有多少个红色球呢？以下三种情况都可能出现：

情况1：刚好摸出来5个红球，这时，样本的情况就真实地反映了总体的情况。

情况2：只摸出了1个红球，这就属于"该抽到的没有抽到"。

情况3：摸出了8个红球，这就是"不该抽到的抽到了"。

情况2和情况3就是"抽样错误"。即便是随机抽样，这两类错误也是不能避免的。这与"故意"从指定样本中抽取是不一样的，我们称之为"误差"。

故意从指定样本中抽取，属于"事前"错误；而随机抽样产生的样本误差，则是"事后"也不一定知道的，因为我们不知道总体的情况。有时候，我们往往根据感觉觉得"不对"，这时，我们可以采取重新抽取样本的方式来矫正。

【例3-7】如果评先进按比例分配指标，就会出现两类误差：假定有两个组，都是20人，按10%的比例评选优秀。第一组也许优秀的人很多，但只能评2个；而第二组也许一个人也不优秀，但也能评2个。

> 即问即答3-1：既然如此，为什么大多数单位都是按比例评选先进呢？

之所以大多数单位都以百分比方式下达评先进的指标，主要是基于两点：第一是节约成本，按比例评选是成本最低的，如果采用其他方式，则需要支出更多的人力成本；第二是为了"公平"，因为下属各单位和部门都不会认为自己不先进，这是前面的"谬误2-5：盲目乐观"所决定的，只有按照同一个比例进行评选，才能"一碗水端平"。但由于按比例分配名额其实是"不公平"的，因此，很多单位会采取评选单项奖的补充方式，如"销售奖""进步奖""合理化建议奖"等。评选这些奖项时，就不是按比例，而是先制定标准，符合标准的才能参加评选。

谬误3-3：局部谬误（以偏概全）

所谓局部谬误，就是根据局部而对整体作出判断，也叫"以偏概全"。

【例3-8】盲人摸象。

这个成语故事应该是众所周知的了。盲人们对大象的认识，无论说大象是墙、树干，还是说大象是水管、长棍，都属于以偏概全的局部谬误。

我们是"明眼人"，当然知道大象是什么，所以就有嘲笑盲人的资格。但在现实生活中，我们又何尝不是"盲人"呢？因为我们并不清楚整体是怎样的，就常常以偏概全。比如，我们常常会根据某一方面的印象而对一个人、一件事、一个单位，甚至一个地区、一个国家、一个社会作出判断。张三动作比较慢，你可能会认为他懒、拖拉甚至拖延，并进而判断他不会有出息，其实他不过是过于"精益求精"罢了；看到一本书的装帧精美，就认为这是一本好书，其实内容可能很一般；参观一个城市的富人区后，可能会认为这个地方很富有，而你根本不知道其贫民区的情况；看到几起暴力事件的报道后，就认为一个国家不安全，而可能正是因为这个国家太安全，暴力事件稀少，所以才会被媒体报道……这些都属于以偏概全的局部谬误。

要避免局部谬误，就需要从多个方面认识对象，并综合进行分析。

【例3-9】2020年猪肉价格大涨，于是人们认为通货膨胀了。

要判断是否通货膨胀，根据的应该是价格指数的变化，而不是某一种商品价格的变化。价格指数是很多种商品价格加权平均计算出来的，能够反映整体的价格变化情况。如果仅根据某一种商品的价格变化就作出判断，那么势必会得出完全不同的结论。猪肉价格上涨，就认为通货膨胀；那电子产品和汽车的价格下跌，是不是通货紧缩了呢？

谬误3-4：最优谬误

追求"最优"是人类的共性，也没什么不好，人类就是在不断地追求最优中前进的。但需要认识到的是，所谓的"最优"其实是不存在的，因为我们不知道所有的情况，不知道所有的方案。因此，我们只能从自己知道的方案中进行选择，而最优的方案也许就在我们能够选择的方案之外。这也是1978年诺贝尔经济学奖得主赫伯特·西蒙所提出的"次优"概念，其理论基础是"有限理性"（bounded rationality）。"bounded"这个词是"有边界的"意思，译为"有界理性"更妥，因为他不是用的"limited"这个词。

【例3-10】投资收益最大化。

在股市中，投资者总想追求收益最大化，而这恰恰是大多数投资者失败的重要原因。因为追求投资收益最大化，就总是"这山望着那山高"，总觉得自己持有的股票涨得太慢，不如自己没有买入的股票。其实，这是人们的记忆偏误。在股市中，投资者持有的股票品种总是少于投资者没有持有的品种。而在投资者没有持有的品种中，他们所关注的往往是涨得最好的股票。这就很自然地会让投资者有这样的印象，自己持有的股票没有其他股票好。于是，投资者就不断地换仓。但换仓之后又发现，才卖出的股票开始大涨，而刚买入的股票又开始下跌。这时投资者又想，还不如不动呢。其实，也许投资者持有的股票好于其没有持有股票的平均水平。

我们提倡的是"满意收益"，而不是"最大收益"。因为满意收益是与自己比较，与市场平均水平比较，这不仅有相对客观的比较依据，而且实现的可能性更大；而最大收益则是在所有方案中进行比较，很难有明确的比较标准，因为我们事前根本就不知道所有的投资方案，是在做"事后诸葛亮"式的比较。"满意收益率"的概念是从巴菲特所说的要"慢慢变富"这一理念中演变出来的。大多数人都梦想着"一夜暴富"，但世界上最富有的人恰恰是"慢慢变富"的。

【例3-11】很多家长要求孩子考试成绩第一。

这不仅是很多家长对孩子的要求，也是一些自认为考试成绩不错的孩子对自己的要求。本书第一作者的妻子是心理咨询师，长期从事青少年心理咨询。在她的咨询案例中，有一些孩子就是因为不能"容忍"自己成绩"位居第二"而产生心理问题。由于成绩与所掌握的知识之间不是完全相关的，这既有掌握的知识点与试卷的相关问题，也有考试时临场发挥的问题，成绩有点波动是完全正常的。用股市投资的话来说，你掌握的知识是"价值"，而成绩是"价格"，价格总是围绕价值上下波动。我们学习的根本目的是学习知识、方法、思维，并学以致用，成绩虽然也很重要，但不过是外在表现而已。

当然，追求"最优"是人类的理想，但我们应该这样看，把"最优"视为目标和参照点，而现实与目标之间总是有一定差距的，应该允许自己存在一定的差距，这样才有不断改进的空间。

3.3 信息不对称导致的思维谬误

因为信息不对称，我们往往会推己及人，"以小人之心度君子之腹"。

谬误 3-5：推己及人

所谓推己及人，就是根据自己的情况去推想别人的情况。它一方面有设身处地为他人着想的意思，有"换位思考"的褒义，有时还有"己所不欲勿施于人"的境界；另一方面，它也有"以小人之心度君子之腹"的贬义。有时候，虽然我们可能出于"好心"，但由于我们并非他人，适合我们的不一定适合他人，因而会出现"好心办坏事"的结果。

【例 3-12】某人因为自己投资股票赚了钱，就劝说亲戚炒股，结果导致亲戚在股市大亏，甚至影响了他和亲戚之间的关系。

这样的事例在现实中屡见不鲜，很多人出于好心，却得到自己和别人都不愿意看到的结果。如果说炒股这样的事情是因为不确定性太大的话，那么，还有很多事情则是我们明知道结果不好，也会"好心"去办。最典型的就是溺爱子女，随着经济状况较好的家庭越来越多，溺爱子女的现象也越来越普遍。

【例 3-13】《庄子·秋水》：子非鱼。

这是《庄子》里很有名的一个故事。庄子对朋友惠子说："你看鱼儿在水里游得多快乐啊。"惠子就说："你又不是鱼儿，你怎么知道鱼儿快乐呢？"庄子马上反驳："你又不是我，你怎么知道我不知道鱼儿快乐呢？"

这个故事告诉我们，不能因为自己这么想，就认为别人也这么想。我们曾经用这个故事来阐述经济学的"效用"概念。效用是指物品或劳务能够满足人们欲望的能力。对于甲来说有效用的东西，对于乙来说可能没有效用，甚至有负效用。比如香烟，对于吸烟的人来说是有效用的，但对不吸烟的人来说就是负效用。因此，不能用自己的标准去要求别人。

《庄子》里的这个故事，从哲学的层次上说，也是对孔子"己所不欲勿施于人"

的反击。己所不欲勿施于人，这被视为儒家的最高道德标准。但你不愿意做的，就一定是别人也不愿意做的吗？本书第一作者小时候在农村长大，同学中就有宁愿干农活也不愿意读书的，也有愿意读书而不愿干农活的，如果彼此都用"己所不欲"的标准去要求别人，恐怕都是错误的。

根据"排列组合"，我们可以列出另外的三种：

（1）己所欲，施于人。就是把我喜欢的东西给与别人。但同样地，你喜欢的，不一定是别人喜欢的，如上面所说的香烟。

（2）己所不欲，施于人。你自己都不愿意干的事，为什么非得让别人去干呢？

（3）己所欲，勿施于人。自己喜欢的就不愿意给别人，这大概是人之常情吧。

正确的做法应该是：人所欲，施之。人所不欲，勿施。就是别人喜欢什么，我们才给与；别人不喜欢的，我们就不要勉强。这是真正的"换位思考"，把主体从"己"变为"人"。人与人是不同的，这样才有一个丰富多彩的世界，所以，不要总是用我们自己的标准去衡量别人，而要站在对方的角度来思考问题。

在"人所欲，施之"里，又有两种情况：

（1）人所欲，己所不欲，施之。比如我们把自己不穿的衣服捐给贫困地区的人。

（2）人所欲，己所欲，施之。比如我们把钱财捐给需要的人。

显然，第二种情况的境界更高。

在"人所不欲，勿施"里，也有两种情况：

（1）人所不欲，己所不欲，勿施。比如不要随手扔垃圾。

即问即答3-2：孩子不喜欢学习，父母也不喜欢学习，是不是就不要求孩子学习了呢？

这主要是一个教育问题。据研究，孩子都是喜欢学习的，因为好奇心是人类的天性。因此，所谓不喜欢学习，主要是不喜欢学习"什么"，而不是不喜欢"学习"。比如，有的孩子不喜欢数学，但非常喜欢绘画。那就让孩子学绘画呗。此外，孩子的可塑性是非常强的，父母和老师的引导也非常重要。有的孩子本来不喜欢数学，但遇到了一位非常好的数学老师，把数学教得既容易又有趣，孩子就喜欢上数学了。也有这样的家长，自己不爱学习，也就不对孩子提更高的要求，甚至根本不关心孩子的学习。显然这是不对的，因为孩子是需要家长和老师引导的，特别是对于还不太懂事的孩子来说，更需要教育和引导。

（2）人所不欲，己所欲，勿施。别人本来就不喜欢，而你自己喜欢，也没有必要施于人。比如，你喜欢喝酒，别人不喜欢，就没有必要劝酒。但在很多地方有这样的陋习，似乎不把客人喝醉就显不出主人的热情与大方。

无论哪种情况，都是以"人"为中心来思考问题的，而不是以"己"为中心。这才是现代社会的道德标准，也就是尊重别人的选择，无论其选择与你是否相同。有时候，推己及人会犯一些可笑的错误。

【例3-14】我家原来有位邻居，他家的小孩经常感冒，原因是父亲每次骑自行车接孩子放学回家，第一件事就是把孩子的衣服脱掉，因而着凉了。

这位父亲为什么要这么做呢？因为他一路骑车，自己感觉很热，也就认为孩子会感觉很热，所以就给孩子脱衣服。殊不知，坐在自行车后座上的孩子是被风吹凉了的。

【例 3-15】父母常常希望子女去完成自己没有完成的事业。

我们多次见到这样的采访：某位草根出身的歌手在某次比赛中一举成名，媒体就采访了歌手的父亲或母亲，这位父亲或母亲说，他/她年轻时就梦想成为歌唱家。

让子女去完成自己年轻时没有完成的理想，其实很多时候不过是一种浪漫的想法而已。第一，时过境迁，父母当年的理想职业可能已经不是人们认为的理想职业了；第二，子女毕竟不是父母的复制品，父母喜欢的，子女不一定喜欢。希望孩子能够子承父业，估计是留存于人类基因里的天性。无论是动物还是植物，都有繁衍种群的本能。对于人类来说，这不仅包括生物属性的遗传，也包括社会属性的继承。但我们无论是从文艺作品中还是现实中都会发现，子承父业的情况并不普遍。

谬误 3-6：自以为是

我们往往会不顾其他信息，只根据自己相信的信息而作出判断和行动，这就犯了"自以为是"的思维谬误。"我认为就是这样的。我认为就该这样做。"这是某些人的"口头禅"，特别是一些自以为具有"优越感"的人。"优越感"往往源自地位、权势和成就。这些当然对判断和决策有用，但如果一味地依靠这些，就可能出错。

【例 3-16】"倚老卖老"。

公交车上，一个老太太因为一个小姑娘没有主动让座，就把小姑娘从座位上拖起来，还口出恶言，甚至拳脚相加。这样的新闻报道不只一起，这是"倚老卖老"的典型。小姑娘也许还没有看到您呢？关键是，您那么有力气，也没有必要坐啊，站着还锻炼身体呢。

在这里，我们只是以此作为一个"引子"。在学术界，倚老卖老的现象也存在。一些所谓的"学术权威"和"前辈"，面对与自己观点不符的主张，就以攻击对方为能事。殊不知，认知是无限的，您不认同的观点就一定是错误的吗？如果真是这样，那一代一代下来，科学就没有进展了。

我们在后面会讲到，开放性是优秀思考者的特征之一。能够与时俱进，不断改正自己的错误，能够容纳各种不同的观点，特别是容纳对自己不利、与自己对立的观点，是开放性思维的重要表现。自以为是的人往往无视新信息的出现，固守己见，因而容易出现这样或那样的错误。

谬误 3-7：无端猜测

我们所掌握的信息不一定是别人所掌握的信息，但如果我们仅根据自己所掌握的信息去推测别人的动机和行为，就是"无端猜测"。

【例 3-17】成语"疑邻盗斧"。

这个成语故事，我们小时候就知道，当时肯定觉得很荒谬。但在现实中，我们同样容易犯这样的谬误而不自知，只不过成语故事做了夸张，所以才容易辨识罢了。这就像看影视剧，我们作为观众，很清楚"坏人"要干什么，但"好人"不知道，因此我们常常替"好人"着急，捏一把汗。这是因为影视剧里的人物往往是信息不对称的，而我们作为观众，对各方的信息都很清楚。

【例3-18】被领导批评过，就老是担心领导会给自己"穿小鞋"。

有没有这样的领导呢？肯定是有的，要不然，我们也就不知道有这种现象了。但大多数领导不会这样的，理由很简单，因为领导是"一对多"，他面对的是单位里的许多人，不太可能记得批评你的事；而你是"一对一"，你当然就很容易记住领导批评过你。有时候，我们还会把先后并不相关的事情联系起来，这就使你更加坚信领导不喜欢你。比如，上周领导批评了你，这周一你在路上向领导打招呼，领导没有理你。你认为这两件事有关系，可实际情况也许是，领导当时在想别的事，没有注意到你。因此，向领导打招呼时，要离得近点，声音大点。还有，即便你遇到了小肚鸡肠的领导，担心能解决问题吗？要么把工作做好，让领导对你重新产生好感；要么调离这个单位，因为你没有能力让领导调离吧。当然，也可以等到领导调离，那时候会来一个新领导，你可能又会担心新领导也是这样的人。所以，最好的办法就是不去"无端猜测"，干好自己的工作，过好自己的生活。

【例3-19】自己做了件对不起朋友的事，老是自责。

这同样属于"无端猜测"，其实朋友也许觉得没什么，或者早就忘记了，是你总放不下。一些抑郁症患者就容易犯这样的错误，"好心"地猜测别人如何，然后觉得自己做得不好。

谬误3-8：轻信虚假信息

在如今信息满天飞的年代，信息发布门槛低，加之监管部门往往采取"事后监管"的方式，这是导致很多不真实信息出现的重要原因。信息发布者和传播者为了一己私利，编造和传播貌似真实的信息，而信息的获得者对信息真假是不知情的，这属于典型的信息不对称。

【例3-20】网络广告：国外权威机构研究证明，本产品含有××元素，可以显著延缓衰老。

对于这样的信息，读者是不容易验证其真实性的，但我们可以利用"思维的力量"来鉴别。就以这则广告为例，一种产品中是否含有什么元素，需要国外权威机构的研究吗？无非是"拉大旗当虎皮"罢了。国外权威机构是哪家？为什么不敢公布？是保密的需要，还是子虚乌有？延缓衰老如何评估？病愈率是相对客观的，而"延缓衰老""精力充沛""增强新陈代谢"这样的说法则不容易衡量，因为很可能是"安慰剂效应"，即服用者的主观感受，与产品的效力无关。随着人们经济状况的改善、生活水平的提高，人们对美容、长寿等保健产品有了更高的要求，所以，不良厂商就在这些领域弄虚作假。

【例 3-21】非洲发生最严重蝗灾，并且可能蔓延到世界各地，今年要闹饥荒了。

第一句话是 2020 年的一条新闻，说非洲发生了 70 年来最严重的蝗灾；后面两句则是信息传播者"添油加醋"的结果。因为蝗虫会飞，就说"可能蔓延到世界各地"，再联想到如果世界各地的农作物没有收成，就会"闹饥荒"。对于这样的信息，很多人轻信了，加之当时也是新冠肺炎疫情出现的时候，就更加人心惶惶，于是人们赶紧抢购粮食，囤积起来。

如果冷静地思考一下，就知道结果不会这么令人恐慌。第一，蝗灾不可能蔓延到世界各地，这在历史上也没有出现过，而现在的防治能力更是今非昔比；第二，即便蔓延到全世界，由于各国都有战备粮，也不会出现饥荒，除非全球性粮食绝收持续两三年。

特别要注意的是，这种虚假信息越是遇到天灾人祸等危机时，就越容易滋生，而此时人们对虚假信息的"免疫力"也是很弱的，因而也就传播得越快。如果我们能够验证，那当然最好；不能验证的时候，就要发挥我们的思维能力，以鉴别其真伪。

在本章的最后，我们要强调：信息不完全和信息不对称是客观存在的事实，那么，我们是不是就不应该重视，也不能避免源自信息的思维谬误呢？答案自然是否定的，这需要我们有如下正确的认识：

第一，我们应该正视信息不完全和信息不对称的现实，不要幻想可以达到信息完全和信息对称的极致。我们所能做的，是降低信息不完全和信息不对称的程度。

第二，虽然我们不能达到信息完全和信息对称，但本章所介绍的这些源自信息的思维谬误是可以尽量避免的。当我们知道存在这些源自信息的常见思维谬误之后，就能在思考问题的时候"主动"想到这些谬误而避开之，而不是"被动"地陷入这些谬误中。

本章小结 ✔ --------------------------------------●

1. 我们所能获得的信息（知识）具有有限性，这会造成信息不完全和信息不对称，进而导致思维谬误。

2. 信息不完全是指我们一般不能获得自己所需的全部信息。

3. 信息不对称是指各方所占有的信息是不对等的。信息的优势方被称为代理人，而信息的劣势方被称为委托人。因此，所有信息不对称问题都可以归为委托-代理问题。

4. 草率概括（小样本谬误）：从少数样本的属性中归纳出总体的属性。

典型例子：有人抽烟也活到了 98 岁，所以，"抽烟有害健康"的说法不科学。

5. 抽样错误：样本与总体的相关性不大或样本不具有代表性而导致的错误。

典型例子：如果按 10% 的比例评优，那么，一个 10 人的优秀团队也只能评 1 名优秀，而一个 10 人的平庸甚至落后团队也能评 1 名优秀。

6. 局部谬误（以偏概全）：根据局部的特征推导出总体也具有这种特征。

典型例子：盲人摸象。

7.最优谬误：自以为最优的方案，其实并非最优方案，因为我们可能根本就不知道最优方案。

典型例子：股票投资中追求投资收益最大化。

8.推己及人：根据自己的情况去推想别人的情况。

典型例子："以小人之心度君子之腹"。

9.人所欲，己所欲，施之。这才是最高的道德标准。

10.自以为是：只根据自己相信的信息进行判断和行动。

典型例子："倚老卖老"。

11.无端猜测：仅根据自己掌握的信息去推断别人的动机和行为。

典型例子："疑邻盗斧"。

12.轻信虚假信息：既不去验证，也不加思考，就轻易相信那些未经证实的信息。

典型例子：2020年非洲蝗灾会导致全球饥荒。

13.越是遇到灾难、危机时，虚假信息就越多，且传播得越快。这是人们的恐慌心理使然。

进一步阅读 ☑ --------------------------------- ●

[1] 卡罗尔 R. 思维补丁 [M]. 王亦兵，译. 北京：新华出版社，2017.

[2] 摩尔 B N，帕克 R. 批判性思维 [M]. 朱素梅，译. 北京：机械工业出版社，2020：第6、7、8章.

[3] 巴沙姆 G，欧文 W，纳尔多内 H，等. 批判性思维 [M]. 舒静，译. 北京：外语教学与研究出版社，2019：第5、6章.

思考题 ☑ --------------------------------- ●

1.以下陈述是否属于思维谬误？如果是，属于哪一类（甚至几类）？请说明理由。

（1）上周报道的三起交通事故都是女司机开的车，其中两起是撞了别人的车，另一起是被别人的车撞了。看来女人的确不适合开车。

（2）我觉得他们家肯定有问题，因为经常有吵架的声音。

（3）我不喜欢吃西餐，我觉得他也不喜欢吃西餐。

（4）这个人在办公室门口走来走去，是小偷吧。

（5）多喝茶吧，广州某医院医生在一个视频里说，茶水可以预防新冠病毒。

（6）某股评人说："我给大家推荐的是最优投资组合，相信我，没错的。"

（7）这个单位的卫生间一点都不卫生，可见该单位的宣传是名不符实的。

（8）我去某大学调查学生对手机的依赖程度，在校园里连续访谈了8位学生，结果发现，每天使用手机5小时以上的人居然高达62.5%！

（9）我们从该单位的3类产品中随机抽检了5件，发现合格率为100%。

（10）我很后悔没有买X股票而买了Y股票，结果只赚了50%，本来是可以赚120%的。

（11）2008年5月12日汶川大地震发生后，重庆的很多市民不敢住在家里，在公园里甚至马路边搭起了帐篷，因为有人说余震的威力更大。

（12）对文科学生的调查显示，80%的人认为没有必要学习高等数学，因此，没有必要开设"高等数学"这门课。

（13）"如果敌方知道了我方的作战计划，那我们就必须改变作战计划。""不，我们可以将计就计。"

（14）我要让我儿子接我的班。

（15）这是我严格按照畅销书的规则和要求写出来的书，肯定畅销。

（16）你的这篇论文与已有的理论明显不符，不具有科学性。

（17）我吃的盐比你吃的饭还多，我过的桥比你走的路还多，你的这个计划怎么会可行呢？简直就是异想天开！

2.信息不完全和信息不对称是客观存在的问题，你有什么好的解决办法吗？

3.如何避免"小样本谬误"？结合大数据时代的特点进行分析。

4."科学家往往是自己给自己找麻烦的人。"请用这一观点来分析抽样错误中的样本缺乏代表性问题。

5.人们大都喜欢走"捷径"。请用这一事实来分析本章中的一些思维谬误。

6.现在很多人的信息来源是微信群、微信公众号、朋友圈、微博及各种视频号、有声节目，请问你如何评价这些信息的可靠性？如何判断这些信息的可靠性？

7."这消息是央视报道的，你不能不信。""你怎么确定是央视报道的？""画面里有CCTV-1啊。"根据这段对话，你能肯定这消息是央视报道的吗？为什么？

8.从你身边的事例或所阅读的材料中，找出与本章所讲述的思维谬误相关的例子，并在你的学习小组中分享。

4

源自逻辑的思维谬误

> 逻辑修辞使人善辩。
>
> ——培根（1561—1626，英国哲学家）

课前思考 ☑️ ----------------------------------●

1.你对逻辑和逻辑学有多少了解？

2.你认为发生在前面的事情，就一定是发生在后面的事情的原因吗？特别是对那些总是先后出现的现象来说。

3.你认为"A与B相关"和"A是B的原因"是一种什么关系？

4.如果你开车送朋友回家，在路上轮胎被钉子刺破了，你会不会这样想：如果不送他，就不会走这段路，轮胎也就不会被钉子刺破了。

5.假如你用所学的技术分析方法预测明天股市会涨，而结果不涨反跌，你是认为自己学艺不精呢，还是认为股市短期的涨跌本来就不可预测呢？

6.你会不会在指责别人观点错误的同时，不是自己提供证明该观点错误的证据，而是要对方提供证据？

7.你是否犯过自相矛盾的错误？一般在什么情况下犯这样的错误？是自己发现的还是别人帮你指出来的？

8.你觉得"走路看手机很危险，因为不安全"这样的劝告有什么问题？

本章导读 ☑️ ----------------------------------●

逻辑是人类在漫长的思考与实践中逐渐认识到的，并总结为各种对象之间的关系的规律。逻辑应该是人类基因里就有的，如果不讲逻辑，恐怕生存的概率就会降低，这样不利于基因的遗传。换句话说，不讲逻辑的祖先很可能没有基因遗传下来，因此，能够演化到现在的人类，是更讲逻辑的那一类人。

如果仔细观察，就会发现，人们往往会在以下两个方面出现问题：一是归因错误，就是没有找到真正的原因，而把其他因素当成了真正的原因，甚至可能刚好因果倒置；二是在论证方面，容易出现偷换概念、自相矛盾、转移注意力等错误。

要提高自己的逻辑思维能力，除了要阅读逻辑方面的书籍外，更重要的是在日常的学习和生活中多训练自己的逻辑技能。

4.1 因果谬误

我们首先要介绍的，就是因果谬误。这是因为，逻辑的主要功用就是帮助我们寻找因果关系。我们在第8章和第9章会重点介绍逻辑学的演绎论证和非演绎论证，而无论是演绎论证还是非演绎论证，最终都是为了寻找事物之间的因果关系。接下来我们重点介绍四类最常见的因果谬误。

谬误4-1：后此谬误

所谓后此谬误，就是将先后关系视为因果关系。原因在前，结果在后，这是常识，即常说的"前因后果"。但先后关系仅仅是因果关系的必要条件，而不是充分条件。因此，有先后关系并不一定有因果关系。典型的例子就是白天过去，夜晚来临，但白天不是夜晚的原因，夜晚也不是白天的结果。每天早上公鸡打鸣后不久，天就亮了，但总不能认为公鸡打鸣是天亮的原因吧。昼夜往复，是地球自转的结果。如果简单地把前后关系归结为因果关系，就犯了此类谬误。

【例4-1】昨天早上起来我头痛，喝了牛奶后就不痛了，所以，牛奶可以治疗头痛。

【例4-2】昨天我在路上看到一只黑猫，然后就崴了脚，可见黑猫会带来厄运。

【例4-3】不满1岁的小孙子第一次被带回老家，哭个不停。奶奶说可能是去世的爷爷作怪，就烧了纸钱，让小孙子在爷爷的遗像前磕头，求爷爷不要怪罪。结果，小孙子马上就不哭了。看来神灵确实存在。

这些例子都把先后关系视为因果关系了。根据时间先后来判断因果，这估计是从我们的远古祖先遗传下来的基因，因为那时的人们对外部世界的认识主要来源于观察，而时间的前后关系是最容易被观察到的，因此，人们就习惯性地认为是前因后果。后来，随着科学技术的不断发展，人们才找到了很多现象产生的真正原因。

在以上三个例子中，例4-1的情况可能是，本来吃了药，或者虽然没吃药但本来就该好了，即便不喝牛奶而是吃稀饭，也不会头痛了，喝牛奶仅是一个偶然因素。在例4-2中，是自己走路不小心崴了脚，不过刚好看到一只黑猫而已，如果看到的是另外的东西，那可能就要把原因归为别的东西了。至于例4-3，完全可能是因为小孙子刚到，还不适应，所以啼哭，而看到大人们又烧纸钱又跪拜，觉得好玩，所以就不哭了。

谬误4-2：纯粹关联谬误

认为有关联的事物之间就具有因果关系，就是纯粹关联谬误。因为有因果性必然有相关性，所以容易出现此类谬误。相关性只是因果性的必要条件，而非充分条件。

【例4-4】雨过天晴。

"雨过"和"天晴"不仅属于上面所说的先后关系，而且下雨之后往往天晴，具有很强的相关性。但雨过了也不一定天晴，还可能是阴天。因此，"雨过"和"天晴"不是因果关系。

面对自然现象，我们也许不太容易犯因果错误，但如果不是自然现象呢？

【例4-5】车子碾过之后，道路就变得泥泞。所以，要严禁车辆通过。

导致道路变得泥泞的真正原因是，路是泥土路。如果是水泥路或沥青路，就不会在车辆行驶后变得泥泞了。

【例4-6】王小宝最近几次参加英语考试，旁边座位上总是李小伟。李小伟不仅英语成绩差，还总是寻机偷看。这使得王小宝的情绪受到了影响，进而影响了考试成绩。王小宝认为，他这几次考得不理想的原因就是李小伟坐在他旁边。

真正的原因在于王小宝自己，他的情绪容易受外界因素的影响，也可能是他这几次考试准备得不充分。人们容易把不好结果的原因归为环境、运气、他人，其实，真正的原因还得从自己身上寻找，这不仅是一个理性思考者应该具备的素质，也是一种个人修养。

不要以为我们只会在这些"小事"上出现此类谬误，在学术研究中，有时也会如此。

【例4-7】英国经济学家杰文斯（William S. Jevons，1835—1882）于1875年提出了"太阳黑子经济周期理论"。

杰文斯是经济学上著名的"边际革命"的三位奠基者之一，却提出了一个令人啼笑皆非的"太阳黑子经济周期理论"。他根据太阳黑子大约每10年活动一次，而经济运行大约每10年一个周期的事实，认为太阳黑子是导致经济周期的原因。实际情况是，当时的主要产业是农业，受气候影响很大，而太阳黑子影响气候，气候影响农业，农业影响整个经济。到了工业社会，由于农业在整个经济中的比重大幅度下降，此种关联性也就跟着降低了。

另一项有关"巧克力与诺奖"的研究成果也犯了纯粹相关谬误。

【例4-8】《新英格兰医学期刊》文章：一国人均巧克力消费量越大，其诺奖得主占人口的比例越高。

该文作者弗朗茨·梅瑟利以诺奖得主数量排名前23位的国家作为样本进行分析，得出上述结论。他试图进行解释：巧克力的主要原料是可可，富含黄烷醇，能提高记忆力和学习能力，改善推理、决策、语言能力和数学、逻辑等认知能力。

但哈佛大学医学院研究黄烷醇的专家诺姆·霍伦伯格指出，黄烷醇使巧克力发苦，因此，厂家会尽量降低其含量，所以霍伦伯格认为，梅瑟利的观点得不到支持。

而2001年诺贝尔物理学奖得主埃里克·康奈尔的解释更为合理：巧克力的消费与国家的富裕程度有关，而富裕程度与国家对教育和科研的投入有关，因而与诺奖得主的数量有关。

找到正确的原因，是解决问题的关键，如果找错了，则不仅不能解决问题，还会导致更坏的结果。比如认为巧克力能够提高智力，人们就会更多地消费巧克力，而这对身体反而有害。

很多管理问题就是因为找错了原因，不仅得不到解决，反倒愈演愈烈。

【例4-9】某大学认为，学生外出是导致学风变差的原因，因而把四个校门关闭了两个。

学风变差的原因有很多，学生频繁外出只是表面现象，还可能是学风差的结果，而不是原因。把校门关闭两个，就能有好的学风？结果是，原来从四个校门出去的学生，改为从两个校门出去。

【例4-10】在很多城市，一些本来就不宽的街道（两车道）被人为地在道路中间设置了隔离带。

之所以设置隔离带，是因为道路经常被堵。而经常被堵的原因，是道路两旁经常被人违规停车。之所以常常有违规停放的车辆，一是周围没有停车的地方（这是老城区的通病），二是司机的素质问题。街道中间设置隔离带，虽然缓解了这一路段的堵车问题，但也只是把堵车的地点转移到了别处而已。

我们应该知道的是，相关性仅是因果性的必要条件之一，相关性并不等于因果性。

在统计学上，有所谓的"虚假关系"，指两个本来不存在因果关系的变量，会由于都与第三个变量有关，而产生相关性。如在例4-7中，太阳黑子、农业产量都与气候有关；在例4-8中，巧克力消费量、教育与科研投入都与经济水平有关。

所以，如果变量A和B相关，就存在以下三种可能：

（1）A是B的原因。

（2）B是A的原因。

（3）不存在因果关系，仅仅因为A和B都与变量C有关。

有调查结果表明，幸福指数与成功相关。但到底是成功的人更容易感到幸福呢，还是幸福的人更容易成功呢？无论哪一派都有自己的"道理"和逻辑。

将相关性等同于因果性，可能是人类的原始本能。比如，原始人往往把风中的树动归因于一种无形的精神力量，而没有认识到大气压力的变化。原始人由于缺乏科学知识，往往把很多现象都归因于神的作用，所以才有雷神、雨神等。

即便在科学研究中，人们也容易把相关性与因果性混淆。比如我们做研究时，要先提出假设，然后通过实验或调查去验证假设，但验证的时候，往往依据相关性。其实，即便假设得到验证，也不能证明其因果关系。因为这一假设得到了验证，只能证明该假设没有被排除，可能还存在其他合理解释。因果关系需要获得理论上的解释和支持，而不仅是相关性。

谬误4-3：因果倒置

所谓因果倒置，就是把原因和结果错误地互换了。本来是原因的，理解为结果；而本来是结果的，理解为原因。这种情况在辩论、争执中很容易出现，如果你不能抓到对方的错误，就很难辩论下去。这是谬误4-2"纯粹关联谬误"的"副产品"，因为只看到了相关性，A与B相关时自然也就B与A相关了。

【例4-11】她怕黑，怕打雷，所以她胆子很小。

她胆子小才是怕黑、怕打雷的原因，而不是反过来，怕黑、怕打雷不是胆子小的原因。一个人胆子小，原因可能是多方面的，比如体质虚弱、小时候受过惊吓等。怕黑、怕打雷，不过是胆子小的证据之一。此外，证据不等于原因，比如我们说今年的经济增长率、失业率、通货膨胀率如何，所以经济形势如何，这里说的是证据，而不是原因。

【例4-12】在19世纪的英国，勤劳的农民至少有两头牛，而好吃懒做的人没有牛。于是，有改革家主张给没有牛的农民两头牛，以便使他们勤劳起来[1]。

这就是典型的因果倒置。是因为农民勤劳，才有至少两头牛，而不是因为有了两头牛，才变得勤劳。你给好吃懒做的人两头牛，很可能只会让他更懒，因为他可能把牛杀了吃肉，或卖掉花钱。

精准扶贫，就是要找准贫困的原因，只有找准原因才能实现扶贫的目的。如果像这位英国改革家这样，就会出现把扶贫的种子直接煮饭、把扶贫的牛羊直接杀了吃肉的情况。

谬误4-4：归因错误

所谓归因错误，就是把一些看似原因的因素归为原因，而没有找到或者忽视了真正的原因。

【例4-13】当新监狱建起来后，监狱里人满为患的状况就消失了，可见修监狱可以减少犯罪。

这样的例子，你一眼就能看出谬误，但以下例子，你就未必能够一眼看破了，甚至自己也常常这样：

【例4-14】某人聚会后开车回家，有一位朋友的住处离自己家不远，他就先送朋友回家，但这需要走另外一条路。半路上出了意外，他的车与一辆小货车擦刮了。朋友很不好意思，说："这都怪我，如果你不送我回家的话，就不会发生这样的事了。"

这样的归因很普遍。发生擦刮的真正原因，是开车不小心。如果非要另外找原因的话，可能与路况不熟悉、开车时与朋友聊天而分散了注意力有关，还可能与对方司机开车不小心有关。但这些都不是真正的原因，因为一个人开车，不可能永远都在自己熟悉的路上，也不可能遇到的其他车辆司机都小心谨慎和技术高超。如果车上只有

---

① 谷振诣，刘壮虎. 批判性思维教程［M］. 北京：北京大学出版社，2006：327.

批判性思维　　　　　　　　　　　　　56

司机一人，发生交通事故的可能性更大。

与此类似的例子还有：

【例4-15】张三喜欢短线炒股，对每天的股价涨跌非常关注。他发现，好几次同事李四来到他的办公室，股价都上涨；而王五每次来，股价都下跌。于是，他认为李四是自己的福星，而王五是自己的灾星。

张三把这种偶然事件归结为因果关系，实在是荒谬。

人们往往把时间、空间上更近的因素归为原因，而不去寻找真正的原因。

【例4-16】夫妻之间的争吵很正常，但争吵的原因往往与归因错误有关。

比如，妻子发生了好几次意外，被自行车撞了，被狗咬了，摔了一跤，说是因为没有和丈夫在一起，于是就归因为丈夫没有好好保护她，如果两人在一起的话，就不会发生这样的事了。而真正的原因是什么呢？被自行车撞了，是她遇到了一个车技不好的人，还有就是自己不小心，没有注意到自行车的行进轨迹不正常；被狗咬了，是因为狗主人没有把狗拴好，也与她自己没有远离狗有关；至于摔了一跤，那只能怪她自己不小心了。

丈夫也可能责怪妻子，比如工作不顺心，就怪妻子"尽给我添乱"。工作不顺心有很多原因，但与妻子有什么关系呢？再如，丈夫正在写论文，妻子在厨房做菜，发现缺了些佐料，就让他去买。这时，丈夫就可能责怪妻子："你不能帮我也就算了，能不能不打扰我写东西？"这都属于归因错误。

【例4-17】父母在对待子女的问题上，也容易出现归因错误。

当孩子考试成绩不理想时，一些父母就归因为自己没有把孩子的生活照顾好，影响了孩子的学习效果。孩子的考试成绩与其努力程度和学习方法有关，还与老师的教学，以及考试时的临场发挥有关，但与父母对其生活的照顾有多大关系呢？生活条件优裕与否，与孩子的考试成绩没有必然的关系，除非家庭太贫困，孩子还得花大量时间去帮父母挣钱。

如果仅仅是操心孩子的考试成绩，也还好些，有的父母一辈子都为孩子的事情自责和内疚，比如孩子生病留下了后遗症，父母就认为是自己当初没有把孩子送到最好的医院、找最好的医生去治病所导致。但当时可能是经济条件不允许，而且即便送到最好的医院，也可能留下后遗症，因为最好的医院往往隔得很远，会耽搁治病的时间。另外，当时怎么可能想到会留下后遗症呢？这不过是"事后"的判断。

【例4-18】大学生自杀或发生其他意外导致身亡的事件每年都有，也往往容易归因错误。

法国社会学家迪尔凯姆在1897年就出版了名著《自杀论》，可见自杀问题早就引起了人们的关注。根据世界卫生组织（WHO）收集的183个国家（或地区）的数据，2016年全球自杀人数约为80万人，也就是说，平均1万人中就超过1人自杀。因此，WHO把9月10日定为"世界自杀预防日"[①]。现在国内很多大学的学生人数都在

---

① 搜狐网．WHO：全球每40秒有1人自杀，日本自杀率远超世界平均值［EB/OL］．（2019-09-19）［2021-09-11］．https://www.sohu.com/a/341937606_115239.

2万以上，大学生的自杀比例是低于社会平均数的。但是，每当发生这样的不幸事件时，学校就会"如临大敌"，紧张不安。如果这种事情发生在另外的社会群体中，也许就不会引起这么大的关注了。

这同样是归因错误，学生家长把学生自杀的原因归结为学校没有监护好、教育好学生，没有采取预防措施，而真正的原因主要在于自杀者本身。

另外，简单归因也属于归因错误，比如认为A是B的唯一原因，而实际上，B的出现有很多原因，A只是其中之一，甚至不是主要原因。

【例4-19】自从实行更严厉的监禁制度之后，暴力犯罪持续减少，因此，严厉的监禁制度是必需的。

暴力犯罪的减少有很多原因，严厉的监禁制度只是其中之一，也许在刚实施的时候是主要原因。很多地方都实行严厉的监禁制度，但暴力犯罪时高时低，可见监禁制度不是唯一原因。

简单归因是政客、媒体惯用的"伎俩"之一，往往跟"热点"或"目标"结合起来。

【例4-20】自从上级领导来我地视察之后，我地的经济发生了翻天覆地的变化。

如果领导一视察，经济就能发生翻天覆地的变化，那只需要各级领导四处视察即可。首先，经济是否发生了翻天覆地的变化，没有给出充分的证据；其次，即便是经济状况改善了，也不是因为领导视察，而可能是领导带来了各种资源。但这些资源本来是可以用在其他地方的。只要领导重视，改变一个小地方的经济状况并不难，难的是改变整个地区的经济状况。

【例4-21】媒体：近年来，中小学生患抑郁症的比例逐年上升，这是电视剧、网络上日益增多的不当内容造成的。

导致中小学生患抑郁症的原因很多，电视、网络仅是原因之一，而且不是主要原因。主要原因是学习压力、家庭和学校的要求过严，孩子负担沉重。比如，有研究显示，小学生一天的学习时间不宜超过6小时，但现在的小学生，仅在学校的学习时间就已经超过这个标准，还有学校布置的课外作业和家长要求孩子参加的各种兴趣班，所以一定要全面落实"双减"政策。

【例4-22】媒体：根据记者在大学城几所高校的调查，到晚自习时间，教室、图书馆里空座率非常高，有时一个教室就一两个学生。一些高校教师反映，高等教育的质量确实下降了。

首先，高等教育的质量是否下降，本身就不太好衡量，因为衡量标准不同，结论也就不同。其次，很多高校教师，特别是一些年龄较大的教师，确实反映教育质量在下降，但他们往往是把现在的情况与他们自己上大学时的情况进行对比，这就忽视了我国高校扩招这一重要因素。比如，本书第一作者上大学时（1980年），全国本科生一年的招生数量只有十几万人，高中毕业生中能够上本科的比例不到10%。现在，每年本科招生数量超过了500万人，仅国内的"985"高校一年的招生数量就超过了当年的全国本科招生数量。换句话说，如果当年国内的几十所名校能够招收现在这么多学生，那当年的所有本科生就全部考进现在的"985"高校了。实际上，如果到清华、北大等名校去调查一下，学生们的学习积极性还是很高的，教育质量也不会比20世纪80年代差。

以上四类与因果关系有关的谬误，其实都可以归纳为"归因错误"，但为了分析得更清楚，我们还是把它们划分为四类。

4.2 论证错误

人们容易犯的第二类逻辑错误就是论证错误，也就是说，或者论证的方法错了，或者论证的过程出了问题，最后得出似是而非的结论，有的甚至让人一下子看不出来问题出在哪里，特别是在"狡辩"时。

谬误4-5：偷换概念

偷换概念是最常出现的逻辑谬误。但不要一看到"偷换"二字，就认为是当事人"主动"而为，其实很多时候，连偷换概念的人自己也没有意识到。这就说明，不仅我们自己容易偷换概念，也容易被对方的偷换概念所迷惑。

【例4-23】母亲：这个男人很不错嘛，你为什么不同意？

女儿：我们没有共同语言。

母亲：他又不是外国人，怎么没有共同语言？

当然，我们可以理解为这是母亲的幽默。如果不是，那么母亲的"语言"指的是"语种"，而女儿的"语言"则指的是共同的志向和爱好。

【例4-24】杀人偿命。刽子手杀人，所以刽子手要偿命。

这也是典型的偷换概念。第一个"杀人"是刑法意义上的，而第二个"杀人"则是执行命令的结果。战士在战场上杀死敌人，也是"杀人"，还能成为战斗英雄呢。

以上这类现象叫"偷换概念"，就是用一个貌似相同的概念取代前面的概念。

谬误4-6：特例假设

所谓特例假设，是指当出现不符合自己断言的情况时，就宣称这是一种"特例"，并找出与自己断言不同的理由来解释。

【例4-25】神秘论者宣称自己算卦很灵，但如果给某人算卦不准，就说这是因为某人不诚心所致。

人类一直都有神秘主义的传统，这是因为我们对很多事情无法进行科学解释，因而采取了神秘主义的解读方式。比如，宣称自己有"特异功能"的人如果"失灵"了，就说是"特例"，是因为环境太嘈杂，自己不能静心"发功"。再如，算命的人如果算不准，就说人家提供的"生辰八字"有误，或者说人家因为做了善事或恶事而改变了"命运"。拜神不灵，则说你心不够诚，或者是看了什么"不洁"的东西。总之，他们都能找到各种各样的理由，把这些"失灵"的情况归结为"特例"。好在随

4 源自逻辑的思维谬误

着科学技术的不断发展，神秘主义的"地盘"也在不断缩小。

【例4-26】某人声称自己"枪法好，百发百中"，可是第一发子弹就脱靶了，他说是刚换了枪，还不熟悉的缘故。

我们常常为自己找借口，其实就是特例假设。"预言家"最擅长此道。

【例4-27】诺查丹玛斯是四百多年前的法国预言家，他曾在一首四行诗里说"人群中将有九人会被带离"，迷信他的后人就牵强附会地将这句话与1986年1月28日"挑战者"号载人航天飞船的爆炸坠毁联系了起来。但飞船上只有7名宇航员，他们就解释为"女宇航员Christa McAuliffe一定是怀孕了，而且是双胞胎"。

所谓"预言"，都是一些模棱两可的话，就跟算命先生、星相术士说的话一样。就说这句"人群中将有九人会被带离"，什么时候？谁会被带离？谁来带离这九人？又带离到哪里？飞船已经坠毁了，也没有被带离啊。当人数不符时，就说女宇航员怀孕了。如果是"十人（十一人）会被带离"呢？那岂不是女宇航员要怀三胞胎（四胞胎）了？

有些学者在从事学术研究时，也会在自己的理论遇到难以解释的例外时，用"特例假设"来解释。

谬误4-7：信念偏差

请看以下推理：

【例4-28】所有狗都是动物，藏獒是动物，所以，藏獒是狗。

你能一眼看出其中的逻辑错误吗？我们在课堂上多次问过学生，结果有近一半学生不能马上指出错误在哪里。如果我们稍微改一下，你就能够马上发现问题了：

【例4-29】所有狗都是动物，鸡是动物，所以，鸡是狗。

此时，所有学生都能指出结论是错误的，然后再往回推，找到错误之处。

我们知道，例4-28和例4-29的格式是一模一样的，为什么在例4-29中能够轻易发现的问题，在例4-28中不容易被发现呢？因为我们容易产生信念偏差（belief bias），即通过结论的可信性来判断推理的正确性。

信念偏差很容易被政客、谈判对手、辩论对方所利用，他们会把推理过程"倒过来"，先让你听到的是一个正确或貌似正确的结论，然后把你带入他们设计的论证套路里。

谬误4-8：暗设圈套

暗设圈套也叫"诱导性问题"（loaded question），就是利用一个或多个诱导性问题，让对方无论回答"是"还是"不是"，都会陷入圈套。

【例4-30】你还在打你女朋友吗？

这里就有一个假设前提，就是"你打过你女朋友"。无论你回答"是"还是"不是"，都不能否定这一假设前提。在法庭辩护中，律师最喜欢采用的一招就是暗设圈套。

【例4-31】律师：请问被告，你是不是还没有停止向被害人勒索钱财？

被告：没有。

律师：各位陪审员，听听，被告到现在都还没有停止向被害人勒索钱财！

被告：我说的是没有勒索。

律师：那请问你是什么时候停止勒索的呢？

在该例中，律师一再暗设圈套，无论是问"有没有停止勒索"，还是问"什么时候停止勒索的"，都隐含了一个假设，那就是被告曾经向被害人勒索过。这样的招数在政治辩论中也常常被采用。

【例4-32】难道还要继续你们的错误政策吗？在你们执政期间，失业率上升，社会矛盾加剧！

这里预设了"政策错误"的圈套。实际上，经济周期的自然规律不是某个政党执政就可以避免的。经济政策对经济周期在短期内有一定的缓解或"熨平"作用，但很难从根本上改变经济运行的趋势。因此，如果仅因为失业率上升就指责政府政策失误，是很难有说服力的。正确的比较方法是，如果没有这些政策，失业率会不会更高？很可惜，由于历史不可能重来，这样的比较也就缺乏科学性，最多只能用"思想实验"来论证。由于影响失业的因素很多，经济政策只是其中一个，所以，论证还是乏力的。

要对暗设圈套进行反击，其实是很简单的，就是明确指出对方在暗设圈套，并指出其圈套是什么。如上述三例，我们可以这样反驳：

你这是在暗设圈套。我从来就没有打过我女朋友。

你这是在暗设圈套。我从来就没有向被害人勒索过钱财。

你这是在暗设圈套。我们的政策不仅不是错误的，而且是正确的，因为如果没有这些政策，失业率会上升到一个更高的水平，社会矛盾也会更加突出。当我们的国家正处于经济周期的谷底时，难道要采取你们所提出的那些政策吗？

当人们被指责或质疑时，往往会顺着对方的思路回答问题。当然，更多的时候是不知道对方在使用"暗设圈套"这种方法。比如，营销人员让你做选择题：先生是买这件呢还是那件？这同样是暗设圈套，就是假设你一定会买。

谬误4-9：错置举证责任

本来该A自己举证的，A却把举证责任推给B，这就是措置举证责任。那么，到底该谁举证呢？一般来说，有以下"规则"：

（1）谁提出观点，谁举证。

【例4-33】甲：吃生茄子可以治疗很多疾病。

乙：怎么可能？

甲：怎么不可能？你有什么理由认为不可能？

在这里，甲应该举证，因为是甲提出了"吃生茄子可以治疗很多疾病"这一观点，但甲把举证责任推给了乙。法律上有"谁起诉谁举证"的规定，因为起诉方（原告或公诉人）认为被告有罪，就应该提供被告的犯罪证据。即便规定被告有义务举证，被告也没有举证的积极性，因而也不可行。法律上还有"不能证明有罪，就是无罪"的规定，被告不可能去证明自己"有罪"吧。

（2）由"肯定"的一方举证。

【例4-34】甲：张三有特异功能。

乙：我不相信。

甲：那你的意思是张三没有特异功能？你能证明吗？

甲既然说张三有特异功能，就应该由甲来举证，甲是"肯定"方。乙是"否定"方，没有举证的责任。

类似的例子还有：某人提出学了什么东西有用，应该是提出者举证，而不是反对者举证；相信世上有鬼的人，应该举证，而不是不相信的人举证；认为有外星人和UFO（unidentified flying object，不明飞行物）的人，应该举证，而不是认为没有的人举证。在法庭上，是原告举证被告有罪，而不需要被告举证自己无罪，因为"除非证明有罪，否则无罪"。我们在后面还会介绍"诉诸无知"谬误，就是说，不能因为无法证明"无"，就一定是"有"。

（3）利益/风险承担者举证。

【例4-35】股东是利益/风险承担者，应对投资项目进行充分的论证。

利益/风险无关者没有举证的责任，也没有举证的积极性。国有资产管理中存在的一个大问题，就是举证责任者缺失。

（4）按事先规定或约定俗成执行。

【例4-36】未按期完成者，将受到处罚。

这是很多单位的规定。员工如果因故未能按期完成任务，需要员工自己举证"自己完成了任务"，而既不是由制定规定的单位，也不是由认为员工未按期完成任务的考核部门举证。理由很简单，每个人对自己的情况更清楚，更容易举证，也更有积极性举证。

【例4-37】领导：我看了你提交的方案，觉得可行性不强。

领导是方案的"否定"方，但领导不需要举证。如果是员工否定领导的方案，那不仅需要充分地论证，而且可能被领导批评。这大概就是"约定俗成"吧。

关于谁举证的问题，也可以用经济学的观点来说明，那就是成本-收益原则。谁举证的收益大（积极性高），或者谁举证的成本低（容易），就应该由谁来举证。读者不妨用成本-收益原则对上述四项"规则"进行分析。

谬误4-10：转移注意力

转移注意力，就是把对方引导到一个看似相关实则不相关的话题上。这一谬误还有一个"英国血统"的名称：熏鲱鱼（red herring）[①]。这是训练英国猎狐犬的方法：

---

① 有人译为"红鲱鱼"，是犯了望文生义的错误，就像把"红茶"翻译为 red tea 一样，实际上是 black tea。

在狐狸出没的地方放上熏鲱鱼，用其浓烈的气味干扰猎狐犬，转移猎狐犬的注意力，目的在于训练它们追踪狐狸的气味。这就像在闹市中训练专心读书一样。

【例4-38】很多人批评托马斯·杰斐逊的奴隶主身份。但杰斐逊是我们最伟大的总统之一，他起草的《独立宣言》是有史以来呼吁自由民主的最精彩篇章。显然，这些批评是没有依据的。[①]

该例把对"奴隶主身份"的批评，转移到了"伟大的总统""精彩的《独立宣言》"话题上，其逻辑是：伟大的总统和精彩的《独立宣言》是不应该被批评的，所以，杰斐逊的奴隶主身份也不应该被批评。这是通过把注意力转移到一个人做过的事情上，以此掩饰其本身。反过来，也可以通过把注意力转移到一个人的身份上，而掩饰其所做的事。

【例4-39】谁说我不关心底层员工的生活和工资待遇？我就是从底层员工干起来的，我愿意和他们生死与共。

"从底层员工干起来的"并不是"关心底层员工生活和工资待遇"的证据。证据应该是你为底层员工做了什么，使底层员工的生活得到了改善，工资待遇得到了提升。"熟人整熟人""老乡诳老乡"就是典型的反例。有些人正是因为自己出身底层而看不起底层人。

还有一类，是将注意力转移到完全无关的话题上。

【例4-40】子：爸爸，你说好要给我买玩具的。

父：宝贝，你看电视里那位叔叔的魔术玩得好不好。

父亲因不愿意兑现自己的承诺，就想把儿子的注意力从"玩具"转移到"电视节目"上。如果经常这样，不仅父亲的威信会受到影响，儿子今后也不会遵守承诺。

【例4-41】记者：请问贵公司准备对造成事故的责任人进行怎样的处罚？对受害人进行怎样的补偿？

公司领导：我公司现在生产经营一切正常，也正在对事件进行深入的调查，等调查结果出来，一定第一时间向各位通报。

这是典型的回避问题。遇到突发事件后，公司应该直面问题，主动承担相应责任并向相关方致歉，这才是危机管理的正确方法，而不是回避、拖延、大事化小、小事化了。

谬误4-11：自相矛盾

关于"矛盾"的故事，我们从小就知道了，但我们经常犯自相矛盾的错误。

【例4-42】这个聚会对我来说太重要了。要不是堵车，我是不会迟到的。

既然这个聚会那么重要，那就早点出发吧。堵车是用"烂"了的理由，还不如说前面有个很重要的活动，一结束就往这边赶，但还是迟到了。

【例4-43】投资者：老师，上次您推荐的××股票还能买不？

---

① 巴沙姆 G，欧文 W，纳尔多内 H，等. 批判性思维［M］. 舒静，译. 北京：外语教学与研究出版社，2019：121.

股评人：你上次买了没有？

投资者：买了一点，但已经卖了。

股评人：那太可惜了。已经卖了就不要再买了，没有卖的话就继续持有，离目标位还早着呢。

股评人的话就是典型的自相矛盾：让投资者不要再买了，又说要继续持有。既然股价还要涨，为什么不能买呢？从理论上说，买卖股票的唯一标准就是股价未来的涨跌，如果预期会涨，那就应该买，与此前是否买卖过无关；而如果预期要跌，那就应该卖，与什么价位买入的无关。

当然，我们所说的自相矛盾，一般是指在"同一时间"内，一个人所说的两个观点相互矛盾。"同一时间"不是要精确到分、秒，而是指其他条件没有发生太大的变化。如果条件变了，我们也需要与时俱进，这时就不是自相矛盾了。

【例4-44】孩子刚大学毕业时，父母一般是不太赞成其创业的，但如果孩子已经具备了很好的创业条件，父母可能就支持其创业了。

如果我们不考虑各种因素的变化而固执己见，那就不是自相矛盾，而是迂腐了。

谬误4-12：循环论证

循环论证，就是所要论证的结论其实就是前提的另一种表述，甚至就是简单的重述。

【例4-45】超速驾车是危险的，因为它不安全。

"不安全"是"危险"的同义词。要论证"超速驾车是危险的"，需要用到超速驾车的事故发生率等数据。

【例4-46】不孝敬父母是不道德的，因为这违背了伦理。

在该例中，"违背了伦理"与"不道德"也是一回事。当然，要论证"不孝敬父母"之所以是不道德的，就比例4-45中论证"超速驾车是危险的"要难得多，需要从历史、文化、家庭关系等多个方面来进行。

【例4-47】父：孩子应该听父亲的话，所以你应该听我的。

子：为什么？

父：因为我是你爸爸。

本章小结 ✓ --●

1.因逻辑导致的思维谬误主要有因果谬误和论证错误。

2.后此谬误：纯粹因时间先后而认为出现在前面的事件是出现在后面的事件的原因。

典型例子：遇到某人或某事后出现了不好的结果，就认为是某人或某事带来的厄运。

3.纯粹关联谬误：纯粹把相关性理解为因果性。

典型例子：解释经济周期的太阳黑子理论。

4.因果倒置：把原因和结果对调。

典型例子：她怕黑、怕打雷，所以她胆子很小。

5.归因错误：简单归因，而忽略了真正的原因。

典型例子：当新监狱建起来后，监狱里人满为患的状况就消失了，可见修监狱可以减少犯罪。

6.偷换概念：用一个看似相同的概念替换掉原来的概念，很多情况下利用了语言的一词多义。

典型例子：人是从猿猴进化而来的。张三是人。所以，张三是从猿猴进化来的。

7.特例假设：当出现不符合自己断言的情况时，就宣称这是一种"特例"。

典型例子：求神不灵，就说求神者心不诚。

8.信念偏差：通过结论的可信性来判断推理的正确性。

典型例子：所有狗都是动物。藏獒是动物。所以，藏獒是狗。

9.暗设圈套：利用一个或多个诱导性问题，让对方无论回答"是"还是"否"，都会陷入圈套。

典型例子：你还在考试作弊吗？

10.错置举证责任：本来该 A 举证的，却让 B 来举证。

典型例子：让被告证明自己无罪。

11.转移注意力：将话题转移到其他无关事情上。

典型例子：儿子：爸爸，你说了要带我出去玩的。

父亲：宝贝，我们来看动画片吧，可好看了。

12.自相矛盾：前后两个表述相互矛盾，不能同时成立。

典型例子：股评人：关于这只股票，如果你没有买就不要买了，毕竟价格有点高了；如果买了呢，就继续持有，离目标价还远着呢。

13.循环论证：结论是前提的另一种表述而已。

典型例子：超速驾车是危险的，因为它不安全。

14.要避免出现逻辑谬误，避免中别人的逻辑圈套，最有效的方法就是学好逻辑学，并结合自己的学习、生活，不断地进行练习。

进一步阅读 ✅ ---●

1.雷曼 S. 逻辑的力量 [M]. 杨武金，译. 北京：中国人民大学出版社，2010.

2.陈波. 逻辑学是什么 [M]. 北京：北京大学出版社，2015.

3.卡罗尔 R. 思维补丁 [M]. 王亦兵，译. 北京：新华出版社，2017.

4.摩尔 B N，帕克 R. 批判性思维 [M]. 朱素梅，译. 北京：机械工业出版社，2020：第 6、7、8 章.

5.巴沙姆 G，欧文 W，纳尔多内 H，等. 批判性思维 [M]. 舒静，译. 北京：

外语教学与研究出版社，2019：第5、6章.

思考题 ☑ ----------------------------------•

1.以下陈述是否属于思维谬误？如果是，属于哪一类（甚至几类）？请说明理由。

（1）需求定律告诉我们，需求量的变动方向与价格的变动方向相反。但英国经济学家吉芬在研究爱尔兰的土豆时发现，土豆价格上涨，对土豆的需求量反而增加，他称这是需求定律的一个例外，并把这类商品称为"吉芬商品"。

（2）20世纪50年代，美国的多萝西·马丁（Dorothy Martin）领导的一个UFO狂热小团体声称能接收来自宇宙的信息，并预言1954年12月21日，全球将遭遇特大洪水的灭顶之灾。当这一天到来却未出现洪灾后，多萝西又宣称是因为他们的坚定信念感动了某位神祇，从而放了地球一马。此后，人们对多萝西的崇拜更加狂热[1]。

（3）人们总是把自己的成功归因于自己的能力和努力，而把失败归因于外界因素和运气不佳；反之，则把别人的成功归因于运气太好，把别人的失败归因于其能力差或不努力。

（4）有意思的是，比赛双方都指责裁判偏袒对方。

（5）堕胎是一种谋杀，因此是非法的。

（6）这家酒店因为收费高，所以需要装修奢华，加大广告宣传力度，这样才能很有格调，吸引高层次顾客。

（7）相对论是物理学上的奇迹。奇迹是超出自然规律的神奇产物。所以，相对论是超出自然规律的神奇产物。

（8）把这饼干吃了吧，吃了能长高。你看姚明那么高，他都说这饼干好呢。

（9）这个人不是傻瓜就是笨蛋。

（10）今天股票会涨。我发现只要老张一穿红色T恤，股票就上涨。今天他又穿红色T恤了。

（11）怎么总是说我逃课？怎么就不说现在老师的教学不吸引人呢？

（12）很显然被告是无罪的，因为他在这件事上是清白的。

（13）闪电过后就是打雷，所以，打雷是闪电引起的。

（14）不要再和刘二娃一起自驾游了，你看每次有他在，车子总要出点事情。

（15）由于销售收入下降，我们应该提高产品的价格。

（16）神秘现象肯定是存在的，因为我看到的这些只能用超自然现象来解释。

（17）我说了下雨天不要带孩子外出，你看孩子又感冒了。

（18）骑摩托车要戴头盔，这样可以少发生交通事故。

（19）请你告诉我，你有什么证据证明我的话不对？

（20）不要和我谈国内经济形势，现在我们面临的最大问题是消灭恐怖分子。

---

① 卡罗尔R.思维补丁[M].王亦兵，译.北京：新华出版社，2017：特例假设.

（21）一个优秀的管理者应该是一个自律的人，不过像张三这样的领导者是个例外，他虽然不怎么自律，但有众多的追随者，他的追随者会完成他交派的任务。

（22）谁也无法改变过去，因为过去的事情是无法改变的。

（23）哲学是一门关于智慧的学问，所以，学哲学的人都很聪明。

（24）儿童都喜欢看动画片，因为他们觉得小动物比人更可爱。

（25）建设法治国家的目的是减少犯罪，但具有讽刺意味的是，很多法治国家的犯罪率很高，所以，我们没有必要搞法治建设。

2.美国前总统肯尼迪有句名言：不要问国家为你做了什么，要问你为国家做了什么。请评述这句话。

3.你能理解下面这段话中到底讲了什么吗？其表述有什么问题？

2014年5月，北达科他州高速公路上发生了一场事故。一名年轻女性因撞上一辆停在路上违章掉头的SUV而被控过失致人死亡罪。SUV上一名89岁的女性当场死亡。警察判断，事故发生时，肇事车以约每小时85英里的速度行驶，而且也没有任何证据表明车祸发生前司机曾踩刹车减速。为了弄清SUV为何没有紧急制动的痕迹，警察翻阅了肇事者的手机，发现车祸发生时，她的手机处于使用状态，她的脸书（Facebook）账号也处于登录状态[①]。

4.有人说，一个人的逻辑思维能力是天生的；也有人说，一个人的逻辑思维能力主要靠后天的训练。根据你自己的经验和体会，请对上述观点进行评述。

5.从你身边的事例或所阅读的材料中，找出与本章所讲述的思维谬误相关的例子，并在你的学习小组中分享。

---

① 卡斯纳 S. 思维与陷阱 [M]. 祝常悦，徐天凤，译. 北京：中信出版社，2019：19.

5

源自认知的思维谬误

我们经验知识的界限在于我们尚未认知的东西。

——康德（1724—1804，德国古典哲学奠基者）

课前思考 ☑ ··●

1.你会不会因不能驳倒对方的观点，转而攻击他的能力、成就、人品呢？

2.你会不会因为自己地位比别人高，年龄比别人大，而要求别人按照你的意见办，哪怕自己的意见有问题？

3.你是不是经常引用名人名言来证明自己的观点，哪怕这位名人的观点与你要证明的观点之间没有多少相关性？

4.你会不会"以貌取人"？

5.你相信"蝴蝶效应"吗？你认真思考过"蝴蝶效应"发生的概率有多大吗？

6.你认为这个世界是"两极化"的还是"多元化"的？为什么？

7.如果有人恶意地攻击你，你是"以牙还牙"地恶意攻击他，还是"化干戈为玉帛"？

本章导读 ☑ ··●

"认知"是一个很宽泛的概念，"研究人如何觉知、学习、记忆和思考问题"[①]。但我们在这里用的是一个相对较窄的含义，是指人们看待人、事物乃至世界的视角和方法，相当于认知模式。因此，本章所探讨的是由于人们的认知模式问题而产生的思维谬误，心理学把这一类谬误归为"认知偏差"。

即便是认知模式，也没有一个统一的定义，更没有统一的分类标准。在本书中，我们从人类认识事物的角度，把认知模式分为以下四类：

（1）命题模式（propositional structure）。这是借用了美国认知语言学家乔治·莱

[①] 斯滕伯格 R J. 认知心理学 [M]. 3版，杨炳钧，陈燕，邹枝玲.译.北京：中国轻工业出版社，2006：2.

考夫（George Lakoff）的分类法，指的是我们如何判断所认知的对象真假或对错的问题。比如，当我们看到 UFO 的相关消息时，怎么判断这个消息是真的还是假的？当我们听到"闷热就会下雨"时，我们怎么知道这个说法是对还是错？有关如何得知真假或对错的认知方式，称为命题模式。

（2）演化模式。这是我们对事物演化的认识。比如，我们都希望获得成功，但成功是如何取得的呢？这其实就是一个对演化的认识问题。有的人希望一蹴而就成功，"一夜暴富""一举成名"，但更多的人知道，成功是靠一步一步的努力奋斗得来的。这就是两种典型的演化模式：渐进式和聚变式。以企业文化建设为例，相信渐进式演化的人，认为企业文化是从企业的创始人开始，通过一代一代、一层一层的演化而构建的；但相信聚变式演化的人，则认为靠某个天才方案，就能够将企业文化建立起来。

（3）关系模式。上面的命题模式和演化模式是针对"单一"对象的，而关系模式则针对两个及两个以上对象。

（4）处理模式。这是针对如何处理问题的认知模式。

接下来，我们就分别从这四个方面来介绍与认知有关的常见思维谬误。

5.1 命题模式与思维谬误

对一个对象的真伪或正误的判断，应该根据与之相关的事实，但我们常常根据与之相关的其他因素而作出判断。这恐怕是人们最容易犯的思维谬误。这主要与人们的惰性有关，人们一般会选择相对"容易"的路径，就像电流也会选择电阻最小的地方通过一样。要去论证信息的真伪或观点的正误，可能难度较大，比如，需要经过调查取证、逻辑分析、科学研究等，而用一个"现成"的其他"证据"来论证，就容易多了。

谬误 5-1：诉诸人身

所谓诉诸人身，就是当我们不同意某人的观点时，不是直接针对其观点发表意见，而是攻击其人品、能力、动机、行为、信仰、利益关系、性格，甚至外表。也就是说，用反驳观点的来源，代替反驳观点本身。这类谬误也叫"生成谬误"。

【例 5-1】张三说"君子爱财，取之有道"，可他就是个见利忘义的小人，他说的话你也相信！

张三所说的话是否值得相信，应该对其所说的话进行判断，而不能仅因为他"见利忘义"就否定他的话。

【例 5-2】他数学才考了 20 分，还好意思说学数学有用！

学数学是否有用，与说话的人数学考多少分没有关系。因为一个人的能力而否定其观点，是常见的思维谬误。特别是那些自以为能力强的人，往往会由于"优越感"而瞧不起能力比自己弱的人，并"顺带"否定其观点，也不管该观点是否正确。

【例 5-3】何教授赞成提高个人所得税起征点，因为他的收入高，当然会赞成。

个人所得税的起征点要不要提高，是需要从经济发展、收入水平、国家财政收支等多个方面来综合考虑和论证的，不能因为何教授的收入高、有为自己减少税负的动机，就否定其观点。因为动机而否定对方的信息和观点，是很常见的思维谬误。但不是所有的攻击动机都是谬误，如我们在法庭辩论时，或在侦破案件时，经常听到对犯罪动机的分析。

【例 5-4】犯罪嫌疑人对被害人一直怀恨在心，当晚趁被害人酒醉不醒而将其勒死。

在这里，怀恨在心是犯罪动机，但是否有罪，要根据犯罪事实判断。指出犯罪动机，只是为了增强分析的逻辑性，不能代替事实。

由上可知，是否有攻击动机并不是判断是否出现谬误的标准，要看其是否代替了对信息的真伪或观点的正误的判断。

另一类更容易发生的谬误是，因为某人言行不一而否定其观点或信息。

【例 5-5】医生：你应该戒烟。

病人：那你为什么抽烟呢？

言行不一是很多人的缺点，但我们不能因为某人自己做不到，就否定他说的话。正如富兰克林所说："尽管老师言行不一致，但如果他说得对，就照做吧。"[①]当然，如果某人言行不一，即他说的话是对的，但自己没有做到，这时我们批评的是他的行为，而不是他说的话，那就不是思维谬误。

诉诸人身是我们最容易犯的思维谬误，最受欢迎的批判性思维教材之一就把这列为"思维谬误"之首[②]。观点是人提出来的，信息是人提供的，因此，我们很自然地把观点的正误、信息的真伪，与人的品行、能力、动机、行为等联系起来。在大多数情况下，两者之间是有关的，品行良好的人，一般不会提供虚假信息；能力强的人，其观点可能更加准确；动机纯正的人，所说的话可能更客观；言行一致的人，其言论更可信。正因为如此，惰性使我们更容易把两者联系起来，而不进行具体分析。但我们不能因此对一切情况进行简单的断定，而是要根据观点、信息本身来判断其正误、真伪，提供者的个人情况只能作为判断的辅助标准。即便是已经被证明正确的观点，随着时代的变迁，也需要与时俱进地重新思考。

谬误 5-2：诉诸强力

所谓诉诸强力，就是利用某种外部的强力，而不是根据事实和逻辑，来进行论证。所谓外部的强力，包括武力、财力、地位等。

【例 5-6】你要是不听我的，我就揍你。

这是小孩子的思维方式，小孩子认为有力就有理。其实又何止是小孩子呢，大人也会出现这样的谬误。

---

① 巴沙姆 G，欧文 W，纳尔多内 H，等. 批判性思维［M］. 舒静，译. 北京：外语教学与研究出版社，2019：116.
② 摩尔 B N，帕克 R. 批判性思维［M］. 朱素梅，译. 北京：机械工业出版社，2020：封二.

【例5-7】跟你明说吧，下周我就向董事会提交方案，如果你敢反对，小心你的职位！

虽然没有用拳头，但用自己的地位压制别人，与小孩子用拳头的方式其实是一样的。像这样诉诸强力的方式，与前面"谬误2-8：诉诸恐惧与威吓手段"相似。

有些组织和国家（或地区）也会如此，即所谓"强权即公理"。

【例5-8】如果该国继续××，不排除会对它采取经济制裁甚至武力干涉！

这样的话，我们不难从某些霸权主义国家的外交官甚至领导人的嘴里听到。

谬误5-3：不恰当地诉诸权威

人们有相信权威甚至依赖权威的倾向，这是在人类演化过程中逐渐形成的。在大多数时候，权威的观点和行为是正确的，我们只需要跟着权威"抄作业"即可，不会有大的差误。但权威也不可能总是对的，在两种情况下，更容易出现错误：第一，该权威本身就不是真的权威；第二，该权威是A领域的权威，并非B领域的权威，而我们引用的是该权威在B领域的观点。这两种情况都叫"诉诸无关权威"。

【例5-9】甲：不能用手指月亮。

乙：为什么？

甲：因为会掉耳朵。

乙：为什么？

甲：我奶奶说的。

对于小孩子来说，爸爸妈妈、爷爷奶奶、老师等就是权威，但其实这些人并不是权威。人的这种依赖性并不会随着年龄的增大而退去，到了成年以后，人们又往往把地位高的（领导）、头发白的（长者）视为权威。而领导、长者也不一定是权威。

除了要辨别提出观点的人是不是权威外，还要判断他是哪方面的权威。一位经济学教授在天文学领域就不一定是权威了。"诉诸无关权威"最常见的就是请影视明星做广告代言人。

【例5-10】某影视明星：××化妆品不仅能养颜，还能益寿，是最适合中老年人的产品，没有之一。

> 即问即答5-1：既然明星不是与产品有关的权威，企业为何要请明星代言呢？

请明星代言产品，利用的是"晕轮效应"或"光环效应"。假设你到医院看病，一位冒充医生的、穿着白大褂的人装模作样地拿着听诊器"诊断"了一会儿后，说你得了一种很严重的病，你会相信吗？估计很多人会相信。

至于为什么请影视明星而不是科学家代言产品，这主要是由观众的"识别度"决定的。科学家虽然是权威，但观众不认识，如果请科学家来代言，观众不一定相信。曾经发生过这样的事：让打工的农民化妆后，冒充某大学教授，拍摄广告。因为大家都不认识他，有人信以为真，结果上当受骗。如果请影视明星代言，很多人都认识他们。此外，科学家（包括广为人知的科学家）也不会出来代言，因为他们不把金钱作为自己的追求目标。

著书立说一直被视为专家、权威的事，因此，我们也常常引用书刊上的话，来为自己的观点提供论据和进行辩护。但书上的东西、领导说的话，也不一定正确，还是应该坚持"实践是检验真理的唯一标准"，要"不唯书，不唯上，只唯实"。

我们不仅会因为观点来自权威而相信，还会因为是权威的行为而模仿。

【例5-11】很多明星都吸烟，所以，我觉得吸烟不错，很有魅力。

现在学生中有不少抽烟的，不仅有男生，还有女生。问他们为什么明知吸烟有害健康还要吸烟，回答大都是因为其偶像抽烟，这些偶像大都是他们崇拜的明星。所以，曾有"电影和电视剧中不得出现不符合国家有关规定的吸烟镜头"的规定，其初衷也是为了不在青少年中产生"示范效应"。有时候由于剧情需要，不得不出现吸烟的镜头，比如电视连续剧《铁齿铜牙纪晓岚》，纪晓岚被描述为"大烟锅"，当然也就少不了抽烟的镜头了。

谬误5-4：诉诸大众

所谓诉诸大众，就是以大多数人的观点或行为作为论证的证据。其采用的句式是"众所周知……所以……"

【例5-12】众所周知，星相学流传了几百年，那么多人都相信，当然是对的。

星相学并无科学依据，属于同一星座的人，何止千万，难道都有一样的性格、命运？即便是中国的算命术，都"精确"到时辰了，也同样不可信，因为同一个时辰出生的人，即便是双胞胎，其命运也是不一样的。但迷信这个东西，过一段时间总会"沉渣泛起"，主要是因为人们感到世事无常、命运多舛，认为有些事是人力不可为的，因而相信一些神秘力量的解释。

政客以及演说家特别喜欢"众所周知"这种句式。

【例5-13】众所周知，只有抵制外国商品的侵入，才能保护本国产业，才能提供更多的就业机会。

这是贸易保护主义者的陈词滥调。尽管经济学家早就证明了自由贸易的好处，事实也证明了贸易保护主义最终会使自己受损，但贸易保护主义者仍然热衷于以"爱国""保护民众"等幌子来"唤醒"民众的热情。

从众是很多人的行为方式，大家都这么干，我就这么干。这与人类自古以来惧怕风险有关，因为大多数人都在做的事，风险可能是最低的。但在很多时候，大多数人的观念和行为恰恰是错误的，特别是在遇到变革的时候。

诉诸大众的思维谬误还有一些其他名称，如"乐队花车谬误"，因为乐队花车后面总是跟着一大帮人，他们不假思索地随着花车走，所以这个名称很形象；也叫"民主谬误"，是指像民主投票一样，票多者胜，但在很多时候，真理并不站在人多的那一边；还叫"诉诸人气"，即认为人气最旺的往往就是最好的，现在很多娱乐选秀节目都要设一个"人气奖"或"人气分"，这样做的主要目的是吸引人们关注并参与。

当然，不是所有的诉诸大众都是谬误，比如以下例子：

【例5-14】很多本地人告诉我，这种蘑菇有毒，所以，我们不能吃。

由于吃了有毒蘑菇的危害太大，我们即便只是怀疑这种蘑菇有毒，也没有必要去吃。

【例5-15】我们单位附近新开了家火锅店，去吃了的人都说味道不错，我们也去试试吧。

人们的口味大体是一致的，因此，相信大家没有什么坏处。

谬误5-5：诉诸经验和传统

仅凭个人经验作出判断，而对最新的科学进展视而不见，这就是"诉诸经验"思维谬误。其典型句式是："这种事我见得多了，听我的没错。"

【例5-16】子女如果想创业，一般会遭到家长的反对。

家长为什么要反对呢？理由就是，根据他们的经验，创业者失败的多而成功的少。如果家长本人创业失败，则反对的可能性更大。

反对子女创业的理由不应该是家长的经验，而是要对创业项目以及创业者自身的条件、创业团队等因素进行分析，从而给出合理的回答。如果仅仅依据经验就否定，这样不会令人心服口服。更重要的是，一个人的经验不一定对别人有用。

认为某件事、某个观点存在了很多年，所以是对的，而不从科学的角度来看问题，这就是典型的"诉诸传统"思维谬误。其典型句式是："自古以来就是这样的，还会有错？"

诉诸传统的另一种方式是以有无"先例"来判断。对于没有先例的事情，人们往往持否定态度："没有这样的先例啊，所以不能这样。"但人类的进步都是在没有先例的情况下取得突破的。

谬误5-6：影响偏误（含先入为主（含易得性偏误）、锚定效应）

这是指受个人喜恶和偏好的影响而导致的判断和决策偏差。对于我们喜欢的对象，我们会高估其有利的方面，而低估其不利的方面；反之，对于我们不喜欢的对象，我们则会高估其不利的方面，而低估其有利的方面。也就是说，影响偏误是指根据影响程度作出判断，而不是根据事实本身作出判断。

【例5-17】在很多"粉丝"眼里，偶像是完美无缺的，他们甚至会模仿偶像的不良行为。

这就是由于喜爱产生的偏误。理性地说，任何人，哪怕是圣人，也不是完美无缺的。当然，这也可能是因为"粉丝"不清楚偶像的不良行为（往往不会被曝光）。

媒体宣传对人们的喜恶和偏好产生了很大的影响。新闻和广告是制造影响偏误的重要手段。全世界每天发生那么多的事，新闻只报道其中的极小部分。我们所知道的，又只是新闻报道中的极小部分。因此，因新闻而产生的影响偏误是很难避免的。广告则是厂商故意制造出来的"影响"。任何产品或服务都不可能是完美的，但广告只告诉我们产品或服务最好的一面，而且是夸张了的。广告就是借助媒体的宣传攻势，因为人们更愿意购买自己"知道"的产品，所以厂商才愿意花巨资请明星，特别是那些有巨量"粉丝"的明星代言自己的产品。

影响偏误往往与人们的个人经验有关，而不是整体的统计数据。

【例5-18】人们总是高估癌症的严重性，而低估其他疾病的致命性。

由于各大媒体对"癌症""艾滋病"的宣传远远超过对"心脏病""中风"的宣传，因而产生了更大的"影响"，所以，人们更加惧怕前者而不是后者。很多人觉得患了癌症、艾滋病，基本上就被"判了死刑"，所以才会那么惧怕，才会"闻癌色变"。事实上，全世界因为心脏病、中风而死亡的人数，远远超过因癌症和艾滋病死亡的人数。根据WHO的报告，在2016年全球5 690万例死亡中，因心脏病和中风而导致死亡的有1 520万例，占据死因的前两位；而因癌症死亡的不到200万例，排第六；因艾滋病死亡的有100万例，已经退出了死因排名的前十[①]。

这与前面"谬误3-1：草率概括"所讲的类似，人们往往高估乘坐飞机的危险性，特别是在空难发生之后。所以，词汇的影响力是巨大的，同样的内容，采用不同的词汇，就会对人产生不同的影响。如果再与某位名人结合起来，其影响力就会加倍。

【例5-19】前几年，采取"灌肠法"排除体内毒素曾流行一时。

人们一看到"毒素"一词，就会心生恐惧，想到的是"致命"。有些不良机构说人体遍布毒素，并说某某名人之所以能够活到一百多岁，就是因为采取"灌肠法"。听信宣传的人一般不会去核对"事实"，而是"宁愿信其有"，于是，心甘情愿地采取毫无意义的"灌肠"等方法进行"排毒"。

美国心理学家罗伯特·西奥迪尼在其所写的《影响力》中讲到提升"影响力"的方法，如互惠、诚信、社会认同、喜好、权威等。愿意帮助别人的人、信守承诺的人、幽默的人由于更能获得别人的好感，因而更具影响力。同样地，外貌占优势的人也由于更容易获得别人的好感，因而也更容易提升影响力。

（1）先入为主

影响偏误的一种重要表现形式是先入为主。"先入"的观念会产生更大的影响，而要消除一种观念的影响需要数倍的力量。这就像学武之人所说的"学拳容易改拳难"。

【例5-20】以貌取人。

这是最典型的先入为主谬误。我们一般是先看到对方的外表，然后慢慢了解其人，因此，第一印象"貌"对我们产生的影响就很大。

先入为主的一个重要类型是"易得性偏误"（availability bias），即我们常常依据最容易获得的信息来作出判断，比如我们已有的经验、印象深刻的宣传报道、从网上搜索到的排名信息等。

【例5-21】如果媒体对犯罪的报道增加，人们就会认为整个社会的犯罪率上

---

① 人民网. 世卫组织公布全球前十位死亡原因［EB/OL］.（2018-05-30）［2021-09-11］. http：//m. people.cn/ n4/2018/0530/c167-11063278.html.

升了。

这是因为媒体近期的报道是最容易获得的信息，我们就会据此作出判断。大多数人不会像做研究的人那样去了解犯罪率的准确信息。

当医生只根据自己的经验对病症进行诊断，而不是依据科学的检查结果时，也是犯了"易得性偏误"，这对患者来说可能是致命的。当法官仅根据自己过去审判过的类似案子，而不是根据本案的详细卷宗作出判决时，同样是犯了"易得性偏误"，这对当事人来说可能是不公正的。当政治家、管理者仅根据此前的做法，而不是根据新项目的可行性研究报告进行决策时，还是犯了"易得性偏误"，这对政府、企业和民众来说可能导致资源浪费。这些时候，其后果就比做错一道思考题或者输掉一场辩论赛严重多了。

一般来说，相信直觉的人以及权威们（或自认为是权威的人）更容易犯"易得性偏误"，因为他们过于相信自己的记忆或经验。

（2）锚定效应

锚定效应是影响偏误的另一种表现形式。

【例5-22】实验：让一组房地产经纪人给一栋待售的住宅估价。

这是2002年诺贝尔经济学奖得主丹尼尔·卡尼曼在《思考：快与慢》中介绍的一个实验。在估价之前，经纪人要先看与房子有关的材料，其中包括房主的报价。经纪人分成两组，一组看到的是高报价，另一组看到的是低报价。结果，看了高报价的那组给房子的估价比看了低报价的那组平均高出了41%[①]。

与之类似的是，假定你不知道美国第一位总统华盛顿活了多少岁，你找人问，以下两种不同的问法，会获得不同的答案：

第一个问题："华盛顿去世时，比89岁大还是小？"

第二个问题："华盛顿去世时，比59岁大还是小？"

被问第一个问题的人，一般会回答华盛顿活到70岁以上；而被问第二个问题的人，则会回答华盛顿活到60岁左右。实际上华盛顿的寿命为67岁（1732—1799）。也就是说，我们会被另外的因素所干扰，把答案"锚定"在某个已知的"参照点"附近，就像船舶进港后，要在事先计划的某个位置抛锚一样。

商店最善于利用消费者的锚定效应。"原价1 299元，现价588元"，这样的商品会使很多人觉得便宜，因为消费者是与"原价1 299元"进行比较的。没有哪家商店会标出"成本价218元，卖价588元"。

锚定效应如果仅影响上述这些方面，那问题还不严重。我们看了下面这个实验，就知道事情的严重性了：

【例5-23】让一群工作时间超过15年的法官先阅读一个小偷的卷宗，然后滚动一颗特制的骰子，上面只有3和9两个数字。骰子停止转动后，要求法官回答应该给小偷定刑几个月。看到数字9的法官判小偷8个月，而看到数字3的法官判了5个月。

---

① 卡尼曼D. 思考，快与慢［M］. 胡晓姣，李爱民，何梦莹，译. 北京：中信出版社，2012：106.

尽管这只是一个实验，不具有法律效力，但这个实验结果不能不令人产生怀疑：除了犯罪事实和法律依据外，其他因素会不会对法官的判决产生影响？比如审判时间、法官的身体和心理状况，以及外界的干预，如新闻报道和公众舆论。这些对法律的公正性会产生怎样的影响？事实上，已经有研究表明，上述因素的确会影响法官的判决。

谬误 5-7：诉诸无知

所谓诉诸无知，就是认为既然无法证明不对（或没有），那就是对的（或有）；或者相反，既然无法证明对（或有），那就是不对的（或没有）。这与后面的"非此即彼"谬误是类似的。

【例 5-24】肯定没有外星人，因为到目前为止，谁也没有见过。

关于外星人、UFO 等，一直以来就存在争议。有些人之所以认为它们存在，其依据是还没有证据证明其不存在；相反，有些人认为它们不存在，是因为没有人看到过它们。

著名语言学家赵元任曾经在他的学生王力（后来也成为著名语言学家）的毕业论文上写有"言有易，言无难"的批语，指的是做研究的时候，我们说某个观点，是容易的，只要我们查到了相关文献即可；但如果说没有，那是很难的，因为可能是我们还没有找到相关文献。这一观点也可以适当扩展到对事物的观察，我们如果看到了某样东西或某种现象，就可以说"有"；但不能因为没有看到，就说"无"。实际上，我们不仅"言无难"，也不能轻易说"有"。

在辩论中，这种诉诸无知的方法倒是很"有效"的。假如你不能证明我的观点是错的，或者你不能提出比我更好的观点，那你就得接受我的观点。

诉诸无知的本质就是缺乏证据。自己缺乏证据，也知道对方缺乏证据，因此才抛出一个让对方无法证明其错的观点。其实，要反驳诉诸无知谬误，就不要中了对方的"错置举证责任"圈套。既然你认为 A，那你就得拿出证明"A 为真"的证据，而不是要我拿出证明"A 为假"的证据。哪怕我不能拿出证明"A 为假"的证据，也不等于你就证明了"A 为真"。

如果仅是在辩论中采用，倒也没什么大不了，不过就是辩论的输赢罢了，但如果用在重大决策或"人命关天"的事情上，则会造成严重的后果。比如，为对手罗列"莫须有"的罪名，这在古今中外都存在。而罗列"莫须有"罪名的手法，其实就是"诉诸无知"。既然你不能证明自己无罪，那就是有罪。所以，"无罪推定原则"（不能证明有罪，就是无罪）成为现代法治社会的一项重要原则，是人类社会的一大进步。虽然这样做有可能"放过"真正的罪犯，但总比"宁可错杀一千，不能放过一个"更具人道主义精神，也更有利于法治原则的推行和社会的稳定。

英国著名哲学家罗素曾用"天体茶壶"的例子来驳斥"诉诸无知"的荒谬。

【例 5-25】如果我说地球和火星之间有一把瓷质茶壶，它沿椭圆轨道围绕太阳转。只要我措辞严谨地补充：因为这个茶壶实在太小，所以人类即使用最高倍数的望远镜也看不到它。我相信没有人能够反驳我的观点。

5.2 演化模式与思维谬误

所谓演化模式，是指我们对一个事物演变规律的认知方式。

谬误 5-8：滑坡谬误

滑坡谬误（slippery slope）是指，人们认为一旦发生某一事情，接下来就会发生更严重的事情，甚至最极端的情况也会出现，就像"蝴蝶效应"一样。其句式是：

如果 A，则会 B；

如果 B，则会 C；

如果 C，则会 D……

就像从山顶上滑下来一样。

【例 5-26】某学生成绩一直名列前茅，有一次考试，他的排名在中等偏上，于是他就认为自己不行了。

滑坡谬误也可以叫"扩大化谬误"，就是把一件事情的好处或坏处扩大，以致最后让人"难以承受"。这位学生就是犯了"扩大化谬误"，把"成绩下降"扩大到"自己不行"了。以"扩大化"为特征的滑坡谬误往往基于这样的考虑：一件不好的事只要发生一次，就会反复发生，有点像成语所说的"祸不单行"。

滑坡谬误除了"扩大化谬误"外，还可能是"绝对化谬误"。

【例 5-27】如果我们允许发展人工智能，那么，就会有大量的工作岗位被机器人取代，人们就会失业。

这就是"绝对化谬误"，即将某件事情的影响绝对化、灾难化。比如下例：

【例 5-28】很多地方都贴着"禁止吸烟"的标语。最好的办法就是关闭所有的烟厂。但这样的话，很多人就会失业，很多地方的财政收入也会大幅下降。显然这是不可行的。

在这个例子中，我们来看有几次"滑坡"：

首先，"禁止吸烟"的标志是贴在公共场所和一些有易燃易爆物品的仓库等地的，并不是所有场所都禁止吸烟。

其次，由"吸烟"直接"滑坡"到了"产烟"。即便一个国家关闭了所有烟厂，也不能使吸烟消失，因为还可以从别国进口；即便明文规定不能进口，也会有不法之徒走私。关闭烟厂只会导致黑市的出现以及香烟价格的猛涨。

再次，即便烟厂关闭了，烟厂的员工也可以在其他行业就业。失业只是短期的，财政收入的下降也是短期的。

最后，对一个行业的判断不能代替对整个地区的判断，更不能代替对整个国家的判断。在经济发展过程中，消失的行业何止一个两个，这对地区或国家的经济、财政又造成了多大的不利影响呢？

除了"扩大化谬误"和"绝对化谬误"外，还有"个人化谬误"，就是把什么事情都与自己联系起来。

【例5-29】某人与同学交流，发现同学在打瞌睡，于是认为同学不喜欢自己。

这也许是因为同学昨晚熬夜了呢，当然就无精打采了。这类"个人化谬误"常常会在家长身上找到。比如，孩子考试成绩不好，父母就认为是自己没有好好照顾孩子。其实，成绩不好有多方面原因，与父母是否照顾好反倒关系不大。

在政治辩论中，人们也容易陷入"滑坡谬误"。

【例5-30】候选人甲：请问你们测算过没有，如果按照你们提出的政策加税，那会给企业增加多少负担？会导致多少人失业？

候选人乙：简直是无稽之谈！难道你们希望看到政府的财政赤字不断增加，从而发生通货膨胀吗？

两位候选人各执一词，都是陷入了"滑坡谬误"。加税就一定会导致大规模失业吗？加税就一定会减少财政赤字吗？减少财政赤字就一定能抑制通货膨胀吗？

人们之所以容易陷入"滑坡谬误"，与我们的一些古训或案例有关，比如"千里之堤溃于蚁穴"，比如"蝴蝶效应"。其实，因蚁穴引起千里之堤的溃塌，因蝴蝶的翅膀扇动引发飓风，可能性是极小的。"防患于未然"的思路是对的，但也不要一有点问题就大惊小怪，以为天要塌下来了。

谬误5-9：分解（合成）谬误

当我们认为整体的特征就是各组成部分的特征时，就犯了分解谬误。

【例5-31】这个人看上去身体很好，不会有糖尿病。

有些病是从外表看不出来的，而且身体不错也并不表明身体的每个部分没有一点毛病。有一种流行的说法，人人身上都有癌细胞，但并不是每个人都会得癌症，因为身体的新陈代谢会抑制癌细胞的生长。

【例5-32】他曾经是一个优秀团队的成员，所以他是很优秀的。

正如我们常说的"十根手指不一样齐"，再优秀的团队也不可能每个成员都优秀。组建团队时，最好是组建互补型团队，这样团队就能完成个人不能完成的任务；如果是替代型团队，不过是能够更快地完成个人能够完成的任务而已。团队主要是靠密切配合来发挥作用的。

同样地，人也不是十全十美的，不能因为某人整体上很优秀，就觉得他什么地方都优秀。

与分解谬误相对的，就是合成谬误，即认为各个部分都不错，组合成一个整体也肯定不错。

【例5-33】这支足球队的每一名球员都非常出色，因此，这支队伍是非常出色的。

"全明星队"就是这样组建起来的，但不一定是最有战斗力的，因为球队更需要配合。"全明星队"的明星球员可能谁都不服谁，"个人英雄主义"色彩浓厚，都想自己进球得分，反倒不如只有几个明星但配合默契的球队表现出色。

与此类似，一个组织的成员个人能力都很强，也不能保证这个组织的能力就一定很强。管理就是要达到"整体大于部分的总和"的效果，要不然，就不需要管理了。

【例5-34】企业的"强强联合"。

20世纪90年代，非常流行"企业重组并购"，其中有一种被称为"强强联合"。这种情况不只是在企业界流行，甚至在高校也大行其道。但"强1"与"强2"联合，就能组成比"强1+强2"更强的"强3"吗？事实证明，不少"强强联合"成为失败的案例。这就是"人"与"物"的不同。物体，无论你怎么移动，它都不会有意见，但如果你把一个人从一个部门的某个岗位随意调到另一个部门的某个岗位，兴许就会出现大麻烦。导致"强强联合"失败的原因，主要是那些与人密切相关的文化因素。所以，曾任通用电气董事长的杰克·韦尔奇说：通用电气最不会雇佣的，是不认同通用电气文化的员工。两个企业哪怕再强，如果其企业文化不兼容，合并后也会出现很多问题，而且是企业越强越有问题，弄不好就成了两强相争的"龙虎斗"。

这类现象被称为"合成谬误"，因为部分（或元素）具有属性X，所以整体（或集合）具有属性X。

为什么不能简单地由个体的属性推导出整体的属性？系统论告诉我们，一个系统不能仅看数量或规模，结构很重要。石墨和金刚石都是由碳原子构成的，但由于其结构不同，性能就有天壤之别。一盆水的重量远远超过一小管剧毒农药，但如果把这一小管剧毒农药掺入水中，喝一杯也能致命。俗话说"一只苍蝇坏了一锅汤"，就是这个道理。

同样地，一个团队、一个组织，也不能仅看其规模或人数，其结构也非常重要。一个企业需要各方面的人才，管理的、技术的、营销的，都要有，缺一不可。没有技术人员，就不能开发出新产品；没有营销人员，开发出来的产品就卖不出去；没有管理人员，则不能把企业各方面的资源组织、协调起来，运行效率就会很低。因此，对于一个企业来说，需要建立技术、管理、营销"人才三角形"，这样企业才能稳定和发展。很多创业企业就是因为没有意识到这一点，以为有了好产品就可以创业，结果导致失败。

谬误5-10：百分比谬误

我们常用百分比来衡量变化幅度，比如经济增长率、通货膨胀率、失业率、人口增长率、犯罪率等，但如果我们只关注百分比，就可能犯"百分比谬误"。

先来做一个小测验：

【例5-35】小测试：（1）你如果想买一本书，楼下的书店卖20元，1公里外的书店卖15元，你会在哪家书店买？

（2）你如果想买一个最新款手机，楼下的商店卖12 000元，1公里外的商店卖

11 500元, 你会在哪家商店买?

我们多次在教学和培训中做过这个小测验, 大多数学生和学员都会选择到1公里外的书店去买书, 而不是到1公里外的商店去买手机。理由是, 买书便宜25%, 而买手机只便宜4%多一点。在现实中, 这样的例子也不少。

【例5-36】很多人在农贸市场买菜时会"斤斤计较", 货比三家, 就为便宜几毛钱。但在买房子、车子时, 当然也会讨价还价, 但往往很"大方"地"不在乎"几百元。

这种现象叫"百分比谬误", 即人们过分看重相对变化的百分比, 而忽视绝对变化量。

当然, 你可能会说, 买菜嘛, 那是天天都要买的, 每天哪怕节省一点, 日积月累, 就多了。而买房、买车呢, 多少年才买一次, 就是多几百甚至几千元, 分摊到每一天来说, 也就不多了。但我们应该比较的是, 花多少时间讨价还价能够降低多少钱, 这才是"经济(划算)的方法"。

当我们对国家之间的经济数据进行比较时, 也容易发生"百分比谬误"。

【例5-37】A国去年的经济增长率是8%, B国只有2%, A国明显好于B国。

仅看百分比是很难说明问题的, 也许B国的GDP是A国的10倍呢。这就像拿两个学生的成绩进行比较一样, 甲学生上学期的数学成绩是50分, 这学期考了60分, 提高了20%; 乙学生的成绩从90分提高到95分, 只提高了5.5%。我们肯定不能说甲学生比乙学生成绩好, 甚至都不能说甲学生比乙学生进步快, 因为成绩越高, 提高就越难, 从95分提高到满分100分就更难了。所以, 我们在比较两者之间的变化时, 既要看百分比, 也就是相对值, 也要看绝对值。

谬误5-11: 赌徒谬误

即问即答5-2: 丢硬币已经连续出现了9次正面, 下一次出现反面的概率是多大?

以赌大小的简单赌局为例, 如果连续出现了多次(比如10次)"大", 你认为下次出现"小"的可能性如何? 学过概率论的读者都知道, 每一次出现"大"或"小"的概率是一样的, 也就是说, 每一次都是"独立事件"。因此, 无论前面连续出现了多少次"大", 下次出现"小"或者"大"的概率还是一样的, 都是50%。

但赌徒们不会这么认为, 他们会认为, 既然出现"大"或"小"的概率是一样的, 前面出现了那么多次"大", 下次出现"小"的概率就很大了。赌徒往往坚信自己的运气不会一直差, 他们永远把希望寄托在"下一次"。买彩票的人也一样, 如果这次选的号码只差了三个数字, 那么, 他们相信自己下次选的号码会更加接近摇出的号码。而理性的人知道, 每次摇奖都是独立的。所以, 赌徒谬误的另一种表达方式是: 赌徒总是认为好运气会在下次来临。

5.3 关系模式与思维谬误

关系模式，是指对两个及两个以上对象关系的认知方式。当我们面对两个认知对象时，首先会想到它们之间有没有关系；如果有，是什么关系，是因果关系还是相关关系？比如，我们看到两个长相很像的人，首先就会想到他们是不是亲戚关系；发现两件事总是先后发生，就会想到它们是不是因果关系。

谬误5-12：非此即彼

非此即彼也叫"虚假两难"，即看起来是一个两难选择，其实不是，因为本来有很多条路，却被我们假设为只有两条路；或者我们只看到了两条路，而忽视了其他的路。这种思维方式是"二元论"的典型。

【例5-38】我们要么投资A项目，要么投资B项目。

事实上，我们既可以不投资A项目，也可以不投资B项目，因为还有更好的C项目；或者干脆暂不投资，如果A、B两个项目都不太好的话。也就是说，我们往往有多种选择，而不是只有两种。非此即彼的另一种表现形式是"极端化"，即在两个极端中选择一个。

【例5-39】你如果不信本教，就是我们的敌人。

世界宗教史上的各种残害异教徒事件就是在这种信念下发生的。其实，世界上不仅有多种宗教，即使在一种宗教里，也有多个教派，还有很多不信教的人。如果仅以"不信本教"作为判断"敌人"的标准，那"敌人"也太多了。

世界是复杂的，在两个极端之间，还有很多中间状态。但人们喜欢这种简单的"二元论"思维模式，正如美国哲学家约翰·杜威所说："人类思考的方式通常很极端，信仰的形成一般都是非此即彼的。"①

谬误5-13：比较谬误（不当类比）

所谓比较谬误，就是简单地，甚至错误地把一样东西与另一样东西进行比较，而其实两者之间并没有可比性。比较谬误有时也叫"不当类比"。

我们先回忆一下例3-5："我才不信吸烟、喝酒有害健康的话，也不相信每天刷牙对健康有利，我们村的张大爷，一辈子抽烟、喝酒、不刷牙，还不是活了98岁。"

健康、长寿是人类永恒的追求，但人与人之间的个体差异太大，对于一个人来说可能影响不大的因素，对于另一个人可能就有致命的影响。就以吸烟、喝酒、刷牙来说，现代医学已经证明，吸烟和饮酒都有害健康，而刷牙则有益健康。像"张大爷"这样的人，肯定也有。如果要比较，也是张大爷如果刷牙，又不抽烟、喝酒，那会不会更健康呢？我们如果以"张大爷"为例来类比，那同样可以找出很多因为吸烟、饮

① 巴沙姆 G，欧文 W，纳尔多内 H，等. 批判性思维 ［M］. 舒静，译. 北京：外语教学与研究出版社，2019：135.

酒、不刷牙而身患疾病的例子来。这样可以轻易被否定的类比，就是不当类比的类型之一。

【例5-40】他大学里成绩稀烂，现在倒混得人模狗样的了！

这是把"考试成绩"与"职业成就"简单类比的例子。说这话的人肯定是大学里成绩比那人好，但现在没有那人成就大。人们往往喜欢把自己占优势的东西，与别人占劣势的东西进行比较，以获得优越感。事实上，人与人之间是很难比较的，因为影响一个人成功的因素非常多，绝非简单的"考试成绩"。俗话说"人比人气死人"，正确的比较方式应该是自己与自己比较，看今年是否比去年有进步。

【例5-41】学管理学的不一定会管理，而大多数管理人员并不是管理学专业毕业的，所以，没有必要学管理学。

确实，很多管理学专业毕业的学生，甚至是管理学博士、教授，也不一定能够管理好一个单位，很多管理者不是管理学专业毕业的，但这样把两群不同的人进行比较，很难衡量管理学的作用。正确的方法是，同一个人，学了管理学之后，其管理能力是不是提高了。

与此类似的是，很多小说家、诗人并不是文学专业毕业的，这也同样不能证明文学专业对于文学创作没有用处。

比较不仅是一种重要的修辞法，也是一种重要的研究法，我们不能因为可能出现比较谬误就忌用比较法。如何正确地应用比较法呢？简单地说，我们不能片面地进行比较，更不能"歪曲"地进行比较，而应该这样做：（1）比较两者具有的所有重要的相似点；（2）比较两者具有的所有重要的不同点；（3）然后进行权衡，判断两者的相似点能否足以支撑结论[①]，两者的不同点是否足以否定结论。只有这样，比较才有价值。

谬误5-14：一厢情愿

我们总喜欢朝着有利于自己的一面考虑问题，这就犯了"一厢情愿"的思维谬误。最常见的例子是在男女恋爱关系中，一方如果喜欢对方，往往单方面认为对方对自己也有意，于是，总能从对方的一言一行中"观察"到对自己有意的迹象。而实际上，可能是"落花有意，流水无情"。

人们在求职过程中，也会犯"一厢情愿"的错误。比如，你想去某单位工作，看招聘广告上的条件，觉得自己都符合，简直就是为自己"量身定做"的，自己必被录用。殊不知，招聘条件只是基本条件，满足条件的人很多，招聘方一定是从应聘者中"优中选优"。如果应聘者都满足学历条件，招聘方就会从中选择毕业学校排名靠前的，或者选择学历更高的。

谬误5-15：意义妄想

所谓意义妄想，就是认为任何事物之间都有关联和意义。

① 巴沙姆 G，欧文 W，纳尔多内 H，等. 批判性思维 [M]. 舒静，译. 北京：外语教学与研究出版社，2019：141.

【例 5-42】有人从云彩的形状中看到了神灵，并认为是神灵在"点化"自己，还拍下照片为证。

云彩的形状随风而变，千变万化，确实会出现很多生动逼真的图像，如山川、奔马、人物等。这些都是巧合。而对于意义妄想者来说，这不是巧合，而是意义。

有些人之所以对"预言"着迷，是因为他们知道未来是不确定的，而一个人如果能够事前预知未来，特别是能够预知未来几百年甚至几千年的事情，那自然会令人惊奇和赞叹不已了。事实上，无论是达·芬奇密码、诺查丹玛斯预言，还是唐代李淳风、袁天罡的"推背图"，明初刘伯温的烧饼歌，都是后人牵强附会"意义妄想"的结果。

未来学是一门学问，旨在研究未来的可能前景，那是根据已知的事实和规律推导出来的，但也只是一个大致的描述，不可能精确到何时何地会发生何事。如托夫勒的《第三次浪潮》和奈斯比特的《大趋势》，就是优秀的未来学著作，但你从中绝对读不到"某年某月某日要发生某事"之类的句子。对事物进行联想，这是人类创造力的表现，但如果过度，就可能是心理学上的"妄想症"了。

5.4 处理模式与思维谬误

处理模式，即我们对如何处理问题的认知模式。

谬误 5-16：以错制错

所谓以错制错，就是在论证时，用一个错误的观点去反驳另一个错误的观点；在行为上，则是用一个错误的行为来反击另一个错误的行为。

在博弈论里，就有"以牙还牙"策略。我们在前面已经讲过，批判性思维不是辩论，不是谈判，也不是博弈，其目的不是输赢，而是探求真伪和正误。

【例 5-43】某学生考试作弊被抓，老师问他为什么作弊，他回答："我看其他人都在作弊，我如果不作弊，就吃亏了。"

谬误 5-17：稻草人谬误

古人在练习箭术时，当然不能用真人做靶子，就用稻草人代替。"稻草人"是指更容易被击倒的目标。在论证时，如果我们歪曲对方的观点，使之更容易被击倒，就是犯了"稻草人谬误"。

【例 5-44】你说成都比重庆更适宜居住，这不对吧！你看重庆有山有水，而且房价也比成都便宜。

衡量一座城市是否更宜居，是有很多指标的。因为人们既有物质方面的追求，也有精神方面的追求，因此，需要从经济、环境、安全、交通、文化生活、居民的文明程度等方面来进行综合评价。不能因为甲城市在某一个方面或某几个方面比乙城市好，就得出甲城市比乙城市更宜居的结论，因为乙城市可能在另外的方面甚至更多的方面优于甲城市。

"稻草人谬误"更容易出现在对人的比较上。比如，某单位要选拔干部，领导们都希望"自己人"上去，于是就只说"自己人"的优点而不说其缺点，但又通过指出别的领导所推荐的人的缺点而不提其优点，达到"攻击对方"的目的。

以上的"稻草人谬误"属于"片面化"，即只谈对自己有利的并且对对方不利的方面，这样更容易达到"击倒对方"的目的。此外，我们还可能通过"扩大化"去扭曲对方的观点。

【例5-45】因为有安全隐患就不能在仓库吸烟？这简直是无稽之谈。难道我们因为会电死人就不用电了？因为会轧死人就不开车了？

这就是通过"扩大化"来歪曲对方的观点。

在政治辩论里，"稻草人谬误"也是经常被采用的。如果某个党派为了缓解债务危机而提出提高税率，对手就会进行这样"极端化"的反驳：

【例5-46】同胞们，如果你们的钱多得花不完，那就支持加税吧，好把钱从你们的荷包里转移到那帮官僚的手中。

"稻草人谬误"采取的是以下"三段式"论证：第一步，把甲的A观点扭曲为B观点；第二步，B观点显而易见是错误的；第三步，所以甲的A观点是错误的。

"稻草人谬误"就是通过片面化、扩大化、极端化等手段，把对方的A观点转变为更容易被击倒的B观点，然后通过攻击B观点而否定A观点。由于B观点和A观点具有一定的相关性或相似性，人们往往不容易觉察到，也不容易反驳。

为了避免被"稻草人谬误"所蒙骗，我们需要从以下几方面进行思考：这个观点是否被改变了措辞？是否被歪曲了？是否被过于简单化了？关键部分是否被遗漏了？关键词汇是否被篡改或误用？

至此，常见思维谬误就介绍完了。有必要重申以下几点：

第一，我们只选择了48种思维谬误进行解读，而不是所有的思维谬误。当然，比起其他教科书来说，本书选择的"品种"已经很多了，因为其他教科书往往只介绍20种左右。我们之所以如此重视对思维谬误的介绍，是因为我们认为，只有先认识到谬误，才有可能避免谬误。正如我们小时候学习语文时，要做"改错"题，就需要先知道什么样是错的。

第二，既然是"常见"思维谬误，就意味着这是大多数人、大多数时候会发生的谬误，因此，当我们在学习过程中发现自己经常犯某类谬误时，不要认为自己的思维方式出了大问题，不要认为自己"无可救药"了，只要我们多加注意，"三思而言""三思而行"，是可以避免的。

第三，不能因为这是大多数人、大多数时候容易犯的谬误，就认为没有必要避免。如果你要超越大多数人，就要先在思维上超越大多数人。不断训练自己的思维方式是非常必要的。

在本书的下半部分，我们要讨论的是如何成为优秀的思考者，以及如何更好地避免这些思维谬误，这是本书的逻辑体系。

本章小结 ☑ ---------------------------------●

1.诉诸人身:不直接针对观点本身,而是通过对观点提出者的人身(包括人品、能力、动机、行为、信仰、利益关系、性格,甚至外表)进行攻击,以达到攻击其观点的目的。

典型例子:他数学才考了20分,还好意思说学数学很有用!

2.诉诸强力:利用外部的强力来达到证明的目的。

典型例子:你要是敢反对,我就扣你奖金。

3.不恰当地诉诸权威:以权威的观点作为证据,包括三种情况:并非权威;不相关权威;虽是权威也相关,但观点是错误的。

典型例子:请娱乐明星代言电子产品等。

4.诉诸大众:以大多数人的观点或行为作为证据。

典型例子:众所周知,只有抵制外国商品的侵入,才能保护本国产业,才能提供更多的就业机会。

5.诉诸经验和传统:以个人经验或已有传统作为判断标准,而对最新科学进展视而不见。

典型例子:占星术存在了千年以上,必然是科学的,否则早就被人们抛弃了。

6.影响偏误:受个人喜恶和偏好的影响而导致的判断和决策偏差。

典型例子:粉丝眼中的偶像是完美无缺的。

(1)先入为主:最先形成的观念影响最大。

典型例子:以貌取人。

(2)易得性偏误:根据最容易获得的信息作出判断。

典型例子:医生仅凭经验来诊断病症。

(3)锚定效应:以心中的某个参照点为依据思考问题。

典型例子:房地产经纪人看了一组高估的房价数据后,就会给房子更高的报价。

7.诉诸无知:既然无法证明不对(或没有),那就是对(或有)。

典型例子:肯定没有外星人,因为谁也没见过。

8.滑坡谬误:如果A,那么B;如果B,那么C;如果C,那么D……情况越来越严重,而不考虑假设成立的可能性有多大。

典型例子:"蝴蝶效应"。

9.分解(合成)谬误:认为整体(部分)的特征就是部分(整体)的特征。

典型例子:这个人看起来很健康,不会有糖尿病。

10.百分比谬误:只关注相对数(百分比),不考虑绝对数。

典型例子:很多人买房子时对便宜10 000元不敏感,但对蔬菜便宜几元钱很敏感。

11.赌徒谬误:把本来独立的事件理解为相互依赖的事件。还有一种解释就是:

赌徒总是认为好运气会在下次来临。

典型例子：虽然彩票的中奖概率极低，但买彩票的人总觉得自己这次会中大奖。

12.非此即彼：认为只有两种极端选择，而无视介于两种极端之间的众多选择。

典型例子：不是好人，就是坏人。

13.比较谬误（不当类比）：简单甚至错误地把两样东西进行比较。

典型例子：学管理学的人不一定会管理，会管理的人不一定学过管理学，所以，学管理学没什么用。

14.一厢情愿：总喜欢朝着有利于自己的一面想。

典型例子：买入股票后，哪怕看到利空消息，也会当利好消息看。

15.意义妄想：认为任何事物之间都有关联和意义。

典型例子：看到云彩像人脸，就以为是神灵显现。

16.以错制错：用错误的方式对待错误的行为。

典型例子：邻居偷了我的东西，我就去偷他家的东西。

17.稻草人谬误：通过歪曲对方的观点，使之更容易被击倒。

典型例子：真要男女平等，那就厕所、宿舍不分男女了，男人也要生孩子了。

进一步阅读 ✔ ----------------------------●

［1］卡罗尔 R. 思维补丁［M］. 王亦兵，译. 北京：新华出版社，2017.

［2］摩尔 B N，帕克 R. 批判性思维［M］. 朱素梅，译. 北京：机械工业出版社，2020：第6、7、8章.

［3］巴沙姆 G，欧文 W，纳尔多内 H，等. 批判性思维［M］. 舒静，译. 北京：外语教学与研究出版社，2019：第5、6章.

思考题 ✔ ----------------------------●

1.以下陈述是否属于思维谬误？如果是，属于哪一类（甚至几类）？请说明理由。

（1）像你这种出身低微的人，怎么可能知道……

（2）你为什么要使劲宣传这个产品，你是不是从这家公司得了什么好处？

（3）商店销售人员往往会向你推荐他们正在搞优惠活动的商品，并且告诉你购买一件节约了多少钱，购买两件又节约了多少钱。

（4）商店的商品一般会标两个及两个以上的价格，如"会员价"与"非会员价"、"原价"与"折扣价"、"单件价"与"多件价"等。

（5）讨价还价是交易中的正常行为，一般来说，卖者总是先报一个虚高的价格，而买者则还一个很低的价格，然后再一步步地向自己满意的价格靠拢。

（6）遇到大幅打折的情况，人们往往会买回来一些自己并不需要的东西。

（7）商家喜欢把价格定在9.98元、99.8元，而不是10.02元、100.2元。

（8）商家在涨价前，有时会大造声势，说要涨100元，而实际上只涨了30元。

（9）一位母亲绘声绘色地在电视节目中说，她儿子的自闭症与注射疫苗有关，并说有医学博士的观点支持。

（10）有些媒体喜欢请明星作为节目嘉宾，但探讨的往往是专家才能解答的问题，明星们就常常利用身边的案例"说法"。

（11）超过31 000名科学家在一份"认为没有足够证据表明人类释放的二氧化碳在可预见的未来将导致大气层出现灾难性升温"的请愿书上签名，但这些科学家绝大多数并非气候学家。

（12）达尔文的《物种起源》出版后，许多宗教学家声称进化论不符合《圣经》里的事实，所以是错误的。

（13）张三很相信算命、算卦等，他说这些已经流传了上千年，自然有其科学性。

（14）有人指控其邻居偷了他家的东西，理由是邻居无法证明自己没有偷窃。

（15）民意调查时，直接问"你是否支持堕胎"和委婉地问"你是否支持女性在生育上拥有自主选择权"，调查结果是完全不同的，支持后者的人数远远超过支持前者的人数。

（16）有背景音乐的朗诵往往更吸引人。

（17）有人支持"胎儿是法人"这一观点，因为至今没有科学家证明胎儿不是法人。

（18）很多人相信，希伯来人的上帝曾用大洪水惩罚人类，因为无法证明没有发生过这件事。

（19）"美国国会甚至无法通过哪怕良性的立法；参议院阻止重要的司法和行政任命，只因其来自对立党派。"[①]这种现象在英国照样存在，保守党和工党所争论和争取的，不一定是真理，而是自己政党的利益。

（20）神是存在的，因为你无法证明神不存在。

（21）2003年美国发动伊拉克战争，理由是伊拉克有大规模杀伤性武器。虽然美国和其他国际机构均未在该国发现这种武器，但没有发现并不能证明就没有。

（22）地震、海啸、火山爆发等自然灾害，就是上帝对人类邪恶的惩罚。

（23）与不看警匪片的人相比，经常观看的人，会对社会治安状况得出更不乐观的估计。

（24）王医生建议我戒烟。我才不信他的话呢，他自己就是个"大烟囱"。

（25）我们怎么能够相信一个黑人所说的"种族歧视很严重"呢？就像我们不能相信一个小孩说"课业负担很重"一样。

（26）"嘿，老王，好事，邻居家的鸡跑到我家里来了，我们把它杀了炖鸡汤。""不好吧，应该送还给邻居。""凭什么？他原来偷过我家的鸡。"

（27）一个住别墅、开劳斯莱斯的人，居然提倡节俭！

---

① 斯洛曼 S，费恩巴赫 P. 知识的错觉 [M]. 祝常悦，译. 北京：中信出版社，2018：xxiv.

（28）想让烟草公司资助吸烟影响身体健康的研究，是不可能的。

（29）众所周知，工业是污染环境之源，因此，本地区不能发展工业。

（30）你这个谋杀犯，有什么资格谈人权！你在犯罪的时候，考虑过受害人的人权吗？

（31）你不好好学习就考不上大学。考不上大学就找不到工作。找不到工作就只能去捡破烂。所以，你不好好学习就只能捡破烂。

（32）"大学应该平等对待所有学生。" "你没有资格说这样的话，你不就是因为你爸爸有钱才进来的吗！"

（33）美国前总统小布什说：每个国家，或者和我们站在一起，或者和恐怖分子站在一起。

（34）赌徒："我一直守在旁边。只要连续10次出现'小'，我就赌'大'；反之，如果连续10次出现'大'，我就赌'小'。我就是这样赢钱的。"

（35）赌徒："我赢钱的秘诀是'两个永远'，永远选择1倍的赔付率，永远只赌一个结局。把赌注按照2倍增加，第一次赌1元，第二次赌2元，第三次赌4元，如此递增。这样就不可能输钱。"

（36）比尔信仰凯恩斯主义，所以，即便新理论能够对经济现实作出更好的解释，比尔也试图用凯恩斯主义去解释，而不愿意相信新的理论。

（37）他是个素食主义者，但他写的文章所引用的数据错漏百出。

（38）妈妈说，人不能说谎。但我就听她说过谎，那次她生病了，跟外婆打电话时她说自己好着呢。

（39）这是一支冠军队，所以，每位球员都很棒。

2.美籍华裔经济学家吴恺元在其《别做正常的傻瓜》一书里讲了很多"正常的错误"，也就是大多数人，甚至绝大多数人都会犯的错误，所以书名才用了"正常的傻瓜"这几个字。在本部分，我们了解了很多常见的思维谬误，其实也是大多数人，甚至绝大多数人都会出现的思维谬误，因此，也不妨叫"正常的谬误"。请讨论：

（1）"正常的谬误"真的正常吗？你如何理解"正常"或"常见"一词？

（2）回忆一下自己曾经犯过的思维谬误，自己最容易出现以下哪一类谬误：情感的、信息的、逻辑的，还是认知的？

（3）既然是"正常的谬误"，那有没有必要去避免呢？为什么？

（4）你准备用怎样的方法来避免出现"正常的谬误"？请举一到两个例子。

3.每一代人都在说"一代不如一代"，但社会在进步，这成了"千古之问"。请谈谈你的看法。

4.从你身边的事例或所阅读的材料中，找出与本章所讲述的思维谬误相关的例子，并在你的学习小组中分享。

下篇　成为优秀思考者

在介绍了"常见思维谬误"之后，本书的下半部分是讨论"如何成为优秀思考者"。

我们要了解优秀思考者（批判性思维）的特征，并学习批判性思维方法，掌握一些提升批判性思维能力的技巧。

要提升一个人的思维能力，仅靠一门课程的学习是不可能实现的。课程只是提供了一份"导航图"，要领略沿途的风景，还得自己开车去旅行。因此，不断地实践才是最重要的。

6

优秀思考者的特征

> 人生最终的价值在于觉醒和思考的能力，而不只在于生存。
>
> ——亚里士多德（公元前384—公元前322，古希腊哲学家）

课前思考 ☑

1.根据前面对常见思维谬误和主要思维规律的学习，请认真思考，优秀思考者（批判性思维）应该具有哪些主要特征？

2.你在什么情况下会"不假思索"地作出判断和进行抉择？从事后来看，哪些是正确的，哪些是错误的？你的衡量标准是什么？

3.你对"事实"的把握到底有多大？那些貌似"铁板钉钉"的"事实"为什么不能证明我们的观点？

4.你能否在考虑问题时，将自己的利益置之度外？

5.当别人的观点与你不一致时，你会怎么办？

6.什么情况下你会感到自己不能清楚地表达自己的观点？

7.假设你正在参加讨论，你的思考会在多大程度上跟着别人的观点走？

本章导读 ☑

1.优秀思考者的首要特征就是尊重事实，而不是以自己的利益、喜恶作为判断的依据。

2.只有在尊重事实的基础上，我们才能做到公正不偏，因为对公正的判断往往带有主观性，这就需要一个客观的尺度。

3.在论证观点的时候，我们需要采用相关的证据，并作出清晰的表达。

4.具有能够容纳各种观点的开放态度，才能真正做到思维的公正性，也才能真正从客观性角度思考问题。

5.独立性为客观性、公正性、相关性、开放性提供保障。

可以这么说，一个优秀的思考者就是一个具有批判性思维的人，因此，本章所讲的"优秀思考者的特征"就是批判性思维的特征。

归纳起来，批判性思维具有以下特征：清晰、精确、准确、切题、前后一致、逻辑正确、完整、公正[①]；清晰性、相关性、一致性、正当性、预见性[②]；清晰性、准确性、精确性、相关性、重要性、充足性、深度、广度、逻辑性、公正性[③]。还有一些不同的表达方式，我们就不一一列举了。

前面讲到，批判性思维是一种审辩式、探究式、反思式的思维方式，是我们应用"思考脑"而不是"反射脑"所进行的思维活动，因此，我们认为优秀思考者，或者说批判性思维的主要特征有以下六个方面：客观性、公正性、相关性、清晰性、开放性、独立性。

6.1 客观性

6.1.1 什么是客观性

所谓客观性，简单地说，就是用事实（数据）说话。

在哲学层次上，关于什么是事实，也是存在争议的。我们对此不必纠结，只要站在常识性的层面来理解事实就行了。因此，事实就是客观存在的、不带主观偏见的数据。

说到这里，你可能有疑问：数据？难道一切都可以用数据来表达吗？应该是可以的。比如，定性的东西，我们可以通过编码的方式，把它变为数据。如性别，我们可以用"1"表示男性，用"2"表示女性；泰国的人妖，或者变性人，或者两性人，可以用其他数字表示。再比如颜色，我们同样可以将其转换为数字。

计算机处理技术就是把一切都转换为数据之后，才能处理的。我们把事实等同于数据，是没有问题的。如果不能转换为数据，那可能是我们的认识还不到位。对于我们的认识不到位的，当然不能否认其客观性，但也不能肯定其客观性。比如，我们现在对大脑和宇宙的认识就是不到位的，所以，我们不能否认大脑和宇宙的客观性，但这仅是对已经认识到位的大脑和宇宙的某些方面的客观性的判断。对于我们还没有认识到位的东西，我们就很难判断其深层次的客观性。比如，我们现在对宇宙的很多方面还是推测，也许对，也许不对，这就不能说是客观的。

客观性的对立面是主观性，有时候，我们从其对立面可能更容易理解。主观性难免带有自己的偏见，因此，客观性就要求我们避免主观偏见。陈云同志有句名言："不唯书，不唯上，只唯实。"就是强调客观性的重要。"书"本身是客观的，但书里的内容则不一定；"上"也是客观存在的，但其指示和决策就不一定符合客观实际。

---

① 巴沙姆 G，欧文 W，纳尔多内 H，等. 批判性思维 [M]. 舒静，译. 北京：外语教学与研究出版社，2019：7.
② 谷振诣，刘壮虎. 批判性思维教程 [M]. 北京：北京大学出版社2006：3.
③ 董毓. 批判性思维原理和方法 [M]. 北京：高等教育出版社，2010：45-50.

6.1.2　客观性与偏见

那么，如何判断事物的客观性呢？俗话说"眼见为实"，但眼见的也不一定为实，因为我们的视觉也是存在误差的。

如果用仪器测量呢？这就要看用什么仪器测量什么东西。如果用游标卡尺来测量家具（假定有这么大尺寸的游标卡尺），就太准确了，但如果用来测量分子之间的距离，肯定无法得到什么结果。

客观性是相对的、有限的，而且我们还会有主观偏见，主要包括选择的偏见和判断的偏见。比如，我们前面讲到的因人纳（废）言、草率概括、特例假设、不恰当地诉诸权威、诉诸大众、诉诸经验和传统、不当类比等，就属于选择的偏见；而盲目乐观、自以为是、归因错误等，则属于判断的偏见。

是否存在偏见，也是我们判断客观性的基本依据之一。

6.1.3　客观性与观点

很多人一谈到客观性，就认为与之对立的是观点，或者说，观点就是主观的。但观点就一定是主观的吗？

所谓观点，其实就是我们对某一对象的判断。判断分为两类：一类是客观判断，就是其真假不取决于我们怎么认为。比如，张三身高1.68米，李四身高1.73米，这是事实；我们由此得出"李四比张三高"的观点（判断），就属于客观判断。另一类是主观判断，其真假取决于我们怎么看。仍以张三和李四的身高为例，如果我们得出"李四比张三有前途"这样的观点（判断），那就是主观判断，因为是否有前途与身高没有必然的关系。所谓的"有前途"，也很难有客观、统一的判断标准。如果从"事后"来看，按照社会一般的看法（标准），李四确实在很多方面"强"于张三，那么，"李四比张三有前途"的判断就又变成客观的了，只不过严格说来，这时不用"前途"一词，而应该用"成就"之类的词了。如果张三本人觉得比李四幸福，那又是另外一个判断标准了。

在经济学里，有两类研究：一类是实证研究，研究"是什么"的问题，比如今年的失业率为6.5%；另一类是规范研究，研究"应该是什么"的问题，比如今年的失业率太高了，政府应该采取措施增加就业，降低失业率。实证研究得出的结论主要是客观判断，规范研究得出的结论主要是主观判断。

我们可以得出这样的结论：观点（判断）是不是客观的，取决于其评价标准是不是客观的。"李四比张三高"这样的观点（判断），是有客观的评价标准的，因此，这是客观的；而"李四比张三有前途"这样的观点（判断），在事前（说这话的时候）是不容易进行客观评价的，即便是事后，也没有完全客观的标准，因此，这样的观点（判断）就是主观的。

6.1.4 如何做到客观性?

前面讲到,人类的认知是有限的,因此,所谓的客观性,也是相对的、有限的。我们在这里讲客观性,主要是为了进行论证。因此,需要把握以下几点:

(1) 事实能给出令人信服的结论吗? 这可以从以下三个方面来判断:

①事实恰当吗? 也就是说,我们所采用的事实,与我们要论证的观点或结论之间是相关的。比如,我们要论证人才质量的重要性,却采用人口数量的证据,那就不恰当。

> 即问即答6-1:那要采用什么证据呢?

人力资本理论告诉我们,要论证人才质量的重要性,就要以受教育程度、在职培训时间、业务学习时间、专利发明数量等作为自变量,以经济效益、社会发展、文化繁荣等作为因变量,考查自变量对因变量的影响。我们可以用横向的数据,即用不同国家或地区的数据进行分析;也可以用纵向的数据,即一个国家或地区在时间序列上的数据进行分析,并由此得出结论。

②事实充分吗? 也就是说,我们所采用的事实,是能够充分论证结论的。比如我们要论证改革开放的重要性,却只采用经济增长方面的证据,那就是不充分的。

> 即问即答6-2:还要采用哪些证据?

改革开放所带来的不仅是经济增长,还包括经济质量的提高、人们素质的提高、社会环境的改善、生态环境的改善、文化建设的成就等。联合国开发计划署在1990年提出了一个综合性的衡量指标,就是人类发展指数(Human Development Index,HDI),是从健康、教育、经济三个方面来衡量的,分别用预期寿命、识字率、人均GDP等指标来测算;后来又加入了环境、自由度两个因素,是一个综合的考量指标。

再比如,要论证某人优秀,就需要从德、才两个大的方面来充分论证,如果仅从一个方面论证,就是不充分的;要论证学习对个人发展的重要性,仅用考试成绩作为证据,是不充分的;要论证读书对考试成绩的影响,仅用读书时间作为证据,也是不充分的。

③事实有效吗? 这是第一点"恰当性"的延伸,指的是采用的事实与要论证的结论之间是有因果关系的。比如,要论证土壤对农作物生长的重要性,而用化肥、农药的使用量作为证据,就不是有效的。当然,化肥、农药会对土壤的性能造成影响,但那是另外一个问题。

(2) 避免言过其实的结论。在言谈中,我们很容易说出一些绝对化、扩大化的话语,比如"尽是……""完全(不)……""肯定……""从来(不)……"等,这就容易导致言过其实。我们要注意以下几点:

①证据能够支撑结论吗? 对于不能完全支撑的证据,如果我们由此而推导出一些结论,就可能言过其实。比如,家用电器都有辐射,所以,我们要远离电器。

6 优秀思考者的特征

电器有辐射，这没错，但辐射多大？达到多大辐射量才会对人体有害？要知道，家用电器的辐射量都在安全范围之内。如果有辐射就要远离，宇宙里充满了辐射，难道人类要逃离宇宙吗？有时候，即便某样东西有害，但如果使用它带来的好处远远超过其害处，而且我们暂时没有更好的替代品，我们还是应该选择使用它。

如果只要有不好的可能我们就放弃，那么，开车可能会出车祸，我们是不是就要放弃汽车？超过一定电压和电流，电可能导致人死亡，那我们是不是就不要用电，回到用蜡烛或煤油灯的年代？

从更深层次来说，这是一个思维问题。面对同样一个对象，具有积极思维的人，从中看到的更多是好处和机会；而具有消极思维的人，则更多看到坏处和风险。

②既要考虑绝对数量，也要考虑相对数量。这是避免言过其实的有效办法。所谓相对数量，就是与总体比，还要进行横向比较、纵向比较。比如，中国贫困人口数量，如果只看绝对数，截至2018年年底，全国农村绝对贫困人口为1 660万人，比很多国家的人口总量还高，一看就会吓一跳。但如果与中国总人口比，比例就很低了；如果与1978年的7.7亿贫困人口比，则下降了97.8%；即使是与很多发达国家相比，中国的反贫困化成绩也是举世瞩目的。

在企业管理中，也会把绝对指标和相对指标结合起来。所以，很多单位既有根据业绩排名的奖励，也有根据变化情况的"进步奖"。

6.2 公正性

6.2.1 什么是公正性

所谓公正性，就是要做到不偏不倚。前面所讲的双重标准、因人纳（废）言等，就是典型的不公正。

人们分别作为旁观者和参与者时，所表现出来的公正性程度往往是不一样的，作为旁观者时的公正性往往高于作为参与者时的公正性，所以才有"旁观者清"一说。也正因为如此，才有了"回避制度"，就是让有利益关系的人回避，如职称评委遇到自己的直系亲属参加评审时，要回避；法官断案时，如果是与自己或自己的直系亲属有利益关系的案件，也要回避；过去，一个人还不能到自己的老家去做官，也是回避。回避制度就是让一个人从参与者变为旁观者，以提高公正性程度。

一谈到公正，人们就会联想到"正义"。两者是近义词，但还是有所不同。正义是更高的道德标准，是一种社会理想，不是对每个人的要求；而公正是每个人都应遵循的原则（虽然很多人实际上做不到，特别是当涉及自己利益的时候）。比如，"舍生取义"属于正义，只有少数人才能做到。抗日战争时期，日本共产党领导的反战运动就属于正义，这同样只有少数人才能做到。而我们常说的"断案公正""处事公正"则是对每个法官和公民的要求。也正因为如此，社会主义核心价值观是"富强、民主、文明、和谐，自由、平等、公正、法治，爱国、敬业、诚信、友善"，用的是

"公正"而不是"正义"。

6.2.2 如何做到公正

（1）以客观性为基础。我们先举个例子，目测一个物体的长度或体积，是很难的；如果有一把尺子，就很容易了。同样地，当我们面对人与事时，也需要有一把尺子，这把尺子就是事实，也就是客观性。要求一个人完全不带成见、不带偏见是很难的，要求一个人不以个人利益和喜恶为出发点也是很难的，但如果以客观事实为依据，我们就会更加公正。在体育比赛中，百米跑、标枪、球类等，因为评价标准更客观，所以争议较少；而体操、跳水等，与裁判的主观判断有很大关系，所以争议较多。选美比赛更是如此。想象一下，如果有个"身材大赛"，制定客观的比例标准，争议就会比评委凭感觉评分时减少很多。

面对事实，也有一个选择的问题，只有尽量避免因个人利益或个人喜恶而选择证据并进行论证，才能增强公正性。需要注意的是，个人利益不仅包括金钱、权力，也包括自己看重的一切东西。

可以说，客观性是公正性的基础。但仅有客观性，不一定有公正性，若采用片面的、有利于自己的证据时，就没有公正性可言。比如，在利益分配时，人们强调的是对自己有利的证据，工作时间长的就强调工作时间，承担责任大的就强调承担责任，很少有人讲自己造成的损失。所以，客观性是公正性的必要但不充分条件。

（2）换位思考。站在别人的角度考虑问题，会使我们的思维更具公正性。之所以出现"公说公有理，婆说婆有理"的情况，大多是因为我们站在各自的立场上考虑问题。如果能够换到对方的视角看问题，情况就会有所改变，思维的公正性程度也会提高。这意味着我们"天然地"站在自己的立场考虑过了，然后又站在对方的角度考虑问题，这就能够使思维的"天平"更加平衡。思维的公正性与我们后面要介绍的思维的开放性是密切相关的。

（3）考虑各相关主体的利益。人们说到公正性时，常常是与利益分配相关的。因此，在利益分配时，要考虑各相关主体的利益，而不能仅从自己的利益出发。以企业为例，相关利益主体包括股东、债权人、员工、国家、社区（社会），这是一个多利益主体的平衡问题，仅考虑某一方或某两三方的利益，会对利益分配的公正性造成损害。

当自己的利益受到损害时，人们往往会产生排斥心理，这时换位思考和开放心态就尤为重要了。在现实中，当遇到利益冲突时，有些人，特别是自以为具有优越感的人，还会以"国家利益""集体利益"等为幌子，来证明自己的正确性或正当性，以掩盖自己的不公正性。这是需要我们特别注意的。

（4）多考虑替代方案。也就是说，要考虑有没有更好的方案，而不仅仅是自己喜欢的方案。这是提高公正性程度的有效方法。即便只有一个方案，也有选择的问题：第一，可以选或者不选，即放弃；第二，一个方案不可能仅有一个条款，可以选择其中的一些条款，修正其中的一些条款，放弃其中的一些条款。

6.2.3　最难做到的是对自己公正

公正性里最难做到的，就是对自己的公正。前面多次讲到，人们有高估自己的倾向，这也叫"内省偏见"或"乐观偏见"。最能够影响我们思维和言行的，恰恰就是我们自己的信念，而这才是最顽固的，很难改变。即便是那些能够公正地对待别人的人，也不一定能够公正地对待自己。"当局者迷，旁观者清"，就很好地说明了这一点。

为什么会"当局者迷，旁观者清"呢？这往往与利益相关。当涉及我们自身利益的时候，情感的天平就会倾向自己。这个利益不一定是金钱等物质利益，还可能是名誉、社会地位、自尊心等。举个简单的例子，父母和老师（包括书本）为什么教导我们，不要在公开场合给领导、长辈提意见？难道意见的正确性与场合的公开还是私下有关吗？这样做还不是要给领导和长辈留"面子"。拂了他们的面子，他们可能会变得不公正，长辈可能大发雷霆，领导可能事后修理我们。

要做到对自己公正，需要具有以下品质：

第一，虚怀若谷。能够接受不同的观点，而不是只接受与自己一致、对自己有利的观点。就人性而言，谁都爱听好话。即便是历史上那位最能纳谏的唐太宗李世民，也常常被魏徵气得恨不能把他杀了。但至少事后李世民能够清醒过来，不然，历史上就少了一位从谏如流的皇帝和一位直言进谏的大臣，"贞观之治"估计也要大打折扣了。

第二，淡泊名利。前面说过，人之所以面对自己时难以做到公正，主要是因为利益作怪。而之所以能够"旁观者清"，也是因为与自己的利益无关。所以，如果我们不太看重自己的利益，在很大程度上从"当局者"变成"旁观者"，就能够相对公正得多。

第三，冷静理性。要做到虚怀若谷和淡泊名利，没有冷静理性是不行的。我们都知道"忠言逆耳"，也都知道后面还接着三个字"利于行"。为什么当我们听到"逆耳"的"忠言"时，常常只感到"逆耳"而忘记了"利于行"呢？其实，事后冷静下来，理性地思考一下，就会有不一样的感觉了。

我们也常常说"名利身外事，得失寸心知"，但往往一碰到名和利，就难以置身事外。冷静地想一想，一个人在温饱得以满足之后，对物质的需求其实并不多。正如一则网络言子（重庆方言）所说的："豪车70%的速度是浪费的，豪宅70%的面积是用不上的，再多的钱70%以上都是别人用的……"

6.3　相关性

很多时候，我们发现自己或别人说的话与当时讨论的问题无关。造成这种情况的原因，可能是无意识的，这叫"风马牛不相及"；也可能是有意识的，就是"王顾左右而言他"。

为什么一定要相关呢？因为我们的时间、精力是有限的，如果不能紧紧围绕一个问题进行讨论，这个人"跑题"，那个人也"跑题"，估计什么问题都讨论不清楚，还浪费时间和精力。大体说来，我们要注意以下几种相关性：

6.3.1　内容与主题相关

我们所讨论的内容一定要与所讨论的主题相关，但很多时候，我们讨论的内容，要么没有明确的主题，要么与主题无关。这就是"探寻"和"闲聊"的区别。"闲聊"是不需要主题的，可以"天南海北"地随性而谈，不仅张三和李四所说的可以不是同一个主题，而且张三或李四本人也不需要前后都围绕一个主题。但对于需要批判性思维的"探寻"来说，目的是把问题搞清楚，因此，需要明确主题，这样才不至于"偏题"，大家才能集中精力分析同一个问题，才有利于解决问题。

此外，围绕同一个主题进行讨论，可以节约讨论的"交易成本"，因为大家有一套共同的"学术语言"，这样可以节省用于解释的时间。为什么有的人开会发言"又长又臭"呢？就是因为常常"跑题"，他讲的内容偏离了主题，从 A 讲到 B，从 B 讲到 C，从 C 讲到 D，结果 D 和 A 没有一点关系。家长教育子女时也会出现这种情况，本来批评的是孩子作业没有完成，但把哪次逃学、哪次与同学打架、哪次乱花钱、哪次把东西搞丢了等，一股脑儿全端出来了，结果最后孩子都忘了"今天到底是因为啥而被训"，只能得出"自己啥也不是"的结论。

6.3.2　证据与观点相关

证据与观点相关就是我们所用的证据，要与我们想证明的观点或结论密切相关；否则，就不能证明观点或结论成立。虽然相关性不等于因果性，但如果没有相关性，就肯定没有因果关系。

导致证据与观点不相关的原因主要有两个：一是没有找到更相关的事实作为证据，又急于求成，于是就把一些貌似相关或勉强相关的证据列举出来；二是逻辑思维能力有问题，本来有更相关的证据，却选择了相关性弱的证据。

6.3.3　前后相关

"前后相关"和后面要讲的"言行一致"在很多书上也叫"一致性"，我们在本书中把两者合二为一了。

前后相关，或者说前后一致性，至少包括以下两个方面：

首先，是在某一特定场合的前后一致性。如果前后不一致，从逻辑上看，至少有一个观点是不正确的，因为不可能相互矛盾的观点都正确。犯这种错误的人主要是逻辑思维能力不够。逻辑性不强的人，有时候根本意识不到自己说话前后不一致。当然，逻辑性强的人，有时也会前后不一致，甚至会主动地前后不一致。这可能是他后来发现自己前面说的话有问题，又不想"自我批评"，就采取"偷梁换柱"的方式，目的是迷惑对方。

其次，是在不同场合的一致性。有些人逻辑性很强，在同一个场合，不容易犯前后不一致的错误，但在不同场合，则可能完全不一致。比如，面对一个强硬派领导时，他可能会论证权威型领导对一个组织来说是非常重要的；如果面对的是一个平易近人的亲民型领导，他又会论证对一个领导来说，和蔼可亲是多么重要。

即便是从事学术研究的人，很多人也是没有自己的观点和主张的，上一篇论文还在用自由市场主义的观点，下一篇论文则采用政府干预主义的观点。简单地说，就是一切为我所用，没有自己的立场。

6.3.4 言行一致

言行一致不完全是思维的问题，而是与性格、道德有关。

第一种情况是针对自己的，属于践行能力差，或者叫执行力不行。比如，说好了要戒烟，或者锻炼身体，可就是不去实行。

第二种情况是针对别人的，承诺要做某事，却没有做，或者是忘记了，或者是当时承诺时觉得容易，可一旦执行起来，就发现自己不行。

第三种情况也是针对别人的，但性质要恶劣得多，带有欺骗的性质。比如，有人对你说，只要你把某件事做了，他就会如何如何；可等你做完了，他就矢口否认当时的承诺，或者逃之夭夭。

第一种情况只是对自己不利，后两种情况则是对别人有害。轻易承诺，可能会误了别人的事，因为如果你不答应，人家会想别的办法。至于言行不一，说一套做一套，那是道德问题。

平时多训练自己的逻辑思维能力，对提高相关性是非常必要的。

6.4 清晰性

6.4.1 为什么要强调清晰性

清晰性的重要性是不言而喻的。比如高速公路上的路标，如果标识不清楚，含义含糊，不仅可能造成资源浪费，因为司机会下错道、走错路；还可能造成交通事故，因为不同的司机理解不同，结果不同的车撞到一起。想想十字路口的绿灯，如果同时亮起，就可能发生这样的事。

再比如，你本来是想写一封道歉的信给对方，但言辞不当，被对方误解为你是在示威或要挟，那结果就不好了。如果你恋爱的时候写情书犯了这类错误，估计只能剩下"心碎"了。

更为重要的是法律文书和官方文件，如果表述不清，不仅不利于执行，还会因理解不同而产生各种冲突和矛盾。

6.4.2 清晰性要求

清晰性首先要求我们非常清楚自己的观点，然后要清晰地表达自己的观点，最后是别人能够清晰地理解我们的观点。但有时，我们即便非常清楚自己的观点，也不一定能够清晰地表达我们的观点。这可能是语言表达的问题，还可能是语言本身的问题，就是我们现有的词汇很难准确表达我们的思想，于是不得不自造一些词汇。这些词汇在没有传播开来之前，肯定是晦涩难懂的。这一方面是语言问题，另一方面也促进了语言的发展。

当然，有的学者故作高深，也可能表述得很晦涩，特别是一些哲学类的著作。甚至有人认为，自己的书不是写给同时代的人看的，而是写给未来的智者看的，在他们眼里，同时代的人中，几乎没有智者。既然是写给未来的智者看的，同时代的人看起来自然就很晦涩。

清晰性不只是语言的易懂和不容易产生误解，也就是准确，更重要的是思路的清晰性。在思路的清晰性里，是否符合逻辑是非常重要的。不符合逻辑的表达会给人"前言不搭后语"和思路不清的感觉，这当然难以保证清晰性。无论是口头还是书面表达，我们都要注意一点：要让别人明白。如果是写日记等私密性的东西，你哪怕是用密码来写，也无所谓，因为只要你自己清楚就行了。而我们平时所表达的绝大多数东西都是为了让别人知道，表达得不清晰，就会减弱表达的有效性。

6.4.3 清晰性和准确性

清晰性和准确性是紧密相连的。要表述清晰，肯定需要准确，离开了准确性，不太可能有清晰性。比如，2+3=6，这个数学式很"清晰"，因为谁都看得"懂"，但"懂"了之后会马上生疑：2+3怎么会等于6呢？会不会是一个"脑筋急转弯"？我们之所以生疑，是因为这个式子是错误的，是不准确的。所以，准确性是清晰性的前提。

我们再来看一种情况，那就是一些晦涩难懂的哲学著作里的表述。我们不能说它们不准确，因为如果那样必然有人说我们"太浅薄"，但它们的清晰性，如果按照常规意义来理解的话，是大有问题的，因为我们看不"懂"。尽管这同样会被人说是"太浅薄"，但在清晰性上的"浅薄"，似乎没有准确性的"浅薄"那么"浅薄"。哇！我们似乎也受了哲学家的影响，写出这样的句子了。我们的意思很简单：清晰性也是准确性的前提。

6.5 开放性

6.5.1 什么是开放性

开放性主要包括两个方面：第一，能够容纳与自己的信念不同的观点，特别是对自己不利的观点；第二，能够纠正自己错误的观点。

与自己不同的观点既可能来自现实中的他人，也可能来自己有的成见。要接受或容纳这两方面的不同观点，特别是对自己不利的观点，是不容易的，因为我们的思维惯性使我们更愿意接受已有的观点、与我们相一致的观点、对我们有利的观点。

要纠正自己错误的观点，则更为不易，特别是当一个人有一定地位或自认为有一定地位之后。有人明知道自己是错误的，却为了"面子"不愿意承认自己的错误，反而寻找依据，来证明自己的"正确性"。有时候，固守自己的错误所导致的损害在短期内是难以显现出来的，因而不会引起人们的关注；从长期来看，由于其他众多影响因素的加入，我们又难以区分到底哪些因素是导致结果的决定性因素。这是认知上的原因。

思维的开放性是能够容纳各种观点，也能够及时改正自己错误的观点。容纳不一定是认同，但至少能够允许不同观点存在。正如法国启蒙思想家伏尔泰所说：我不同意你说的话，但我誓死捍卫你说话的权利。

即问即答6-3：真理不是越辩越明吗？如果大家都当"和事老"，去"和稀泥"，那不是违背了做人的准则和学术道德吗？你怎么看待这个问题？

6.5.2　开放性与诚实性

所谓诚实性，就是承认自己认知的局限性，甚至像苏格拉底那样，承认自己的无知，承认自己不知道的事，而不是不懂装懂。

艾萨克·牛顿曾谦逊地说："我不知道在别人看来，我是什么样的人，但在我自己看来，我不过就像是一个在海滨玩耍的孩子，为时而发现比寻常更光滑的一块卵石或比寻常更美丽的一片贝壳而沾沾自喜，而对于展现在我面前的浩瀚的真理海洋，却全然没有发觉。"

有些人则不是这样，那种一有点知识就认为自己"上知天文，下知地理"的人并不少见。

人类的认知是有限的，到目前为止，我们所不知道的事情远远超过我们所知道的事情，其中两个典型的领域就是离我们最近的脑科学和离我们最远的宇宙学。承认自己的"无知"，其实并非无知。

6.5.3　为什么要有开放性

原因非常简单，那就是我们的"无知"。

古希腊哲学家苏格拉底说过一句名言：我唯一所知的，就是我的无知。这句话看起来是苏格拉底的谦逊，实则道出了人类面对知识的一个真理。20世纪之前，百科全书式的人物，或者某个学科的百科全书式的人物，还是有的。但进入20世纪，特别是20世纪60年代之后，随着"知识爆炸"时代的到来，百科全书式的人物就已经绝迹了。不是因为个体的知识储量减少了，而是人类的知识总量膨胀了。这就像是一个分式，人类的知识总量是分母，个体的知识储量是分子，因为分母不断膨胀，而且是加速膨胀，因此，即便分子在增加，整个分式的值也在不断缩小。

由于我们的"无知"，我们才需要加入"知识共同体"。不要说我国的"北斗"、空间站、"嫦娥"这样需要几十万人参与的大工程，即便是我们选择到哪里去旅游，也往往要参考别人的意见，以避免麻烦，比如途中某处因泥石流导致道路中断，而你却并不知情。快捷便利的网络就是一个典型的"知识共同体"，我们可以借助网络工具，解决我们生活中的很多问题。

6.6 独立性

6.6.1 什么是独立性

有一本书，英文名叫 *Think: Critical Thinking and Logic Skills for Everyday Life*，中文名译为"独立思考：日常生活中的批判性思维"，体现了译者对批判性思维的理解。

> 即问即答6-4：独立性既然指的是独立思考，不人云亦云，那它与前面讲的开放性不是矛盾了吗？

独立性不是关起门来，不是不与人交往，不是不能容纳不同的观点，因此，独立性与开放性并不矛盾。恰恰相反，开放性要求保持独立性；否则，人们就可能陷入群体思维谬误。独立性也要求同时具有开放性，否则就是"闭关自守"、自以为是。这就像我们说的既要融入集体，有团队协作精神，又要保持个人的人格独立一样，是不矛盾的。简单点说，就是既要集思广益，又要有自己的主见。

独立性也是保证客观性、公正性、清晰性的基本条件。当我们面对纷繁复杂、真伪杂陈的"事实"时，独立性可以帮助我们作出准确的判断。同样地，独立性也可以使我们在作出判断和决策时更加公正，思路更加清晰。

6.6.2 "头脑风暴"有用吗

当年红火的"点子公司"早已关门大吉，但曾经盛行一时的"头脑风暴"似乎仍在盛行。这两件事反映出来的问题，值得我们思考。

"点子公司"就是给人家提供点子的机构，不一定需要很多人，一个人也可以提着黑皮包到处跑，如果有个助手跟着，就更加像模像样。黑皮包里装着公章和发票，随时能把点子变为现金，成功的概率不算低。因为在那个时候，经过长期思想禁锢的人们，一听到有什么新奇的点子，立刻心里乐开了花，以为碰到了"金手指"，立刻就付费了。但花钱买了点子之后，要付诸行动了，才发现这是非常困难的事，而且大多数点子根本就无法付诸行动。这大概就是"点子公司"由盛转衰的原因。

这就告诉我们，虽然思维决定行动，但思维本身不等于行动，从思维到行动是有一个过程的。很多人晚上想着，我要如何如何；到了第二天早上，还是"涛声依旧"。这就是四川的一句俗话："晚上想好千万条路，早上起来走原路。"这也是古人强调"知易行难"的原因。即便是思维本身，也是需要付诸行动的，那就是思维训练。不是学了一些有关思维的知识，就能够改变思维。

"头脑风暴"是美国创造学家阿历克斯·奥斯本（Alex F. Osborn，1888—1966）于1939年提出的一个概念，是从精神病理学中借用过来的，原指精神病患者的精神错乱状态，20世纪90年代引入国内。很多单位以此作为研讨问题的方法，甚至作为决策的方式。时至今日，仍有很多组织喜欢"头脑风暴"，但研究发现，它并没有产生人们所预期的效果。

想想历史上那些伟大的作品，哪一部不是作者独立撰写出来，至今还闪烁着思想和智慧的光芒？而到了20世纪90年代，不少影视剧本就是采用"头脑风暴"方式完成的，一群人关在一个风景秀丽的地方，白天睡觉，晚上吃饱喝足就开始"头脑风暴"，讨论出一个梗概后，就每人分几集，写好一集，又来"头脑风暴"。这样写出来的东西也许好看，但至今也没有哪一部作品成了经典。

其实，"头脑风暴"不过是多了些群体思维，少了些独立思考的结果。在一个群体里，基本上做不到"头脑风暴"所要求的"自由、平等、开放"。比如有领导、权威在场时，大家的"头脑风暴"不过是从更多角度去论证领导和权威的正确性而已。即便能够做到自由、平等、开放，人们的思维也很容易受别人观点的影响。比如你本来认为正确的事情，如果有三个以上的人说你这个值得商榷，你可能就会怀疑自己的正确性；反之，你认为不正确的事情，如果有三个以上的人说你这个应该还不错，你也可能改变看法。

为什么"头脑风暴"还能盛行呢？其实主要是为了"免责"。如果事情办砸了，那是大家讨论决定的，不是某一个人的责任；如果办好了，当然主要是领导的功劳。顺带的好处就是，可以把别人的意见误认为是自己的意见，正如《三国演义》里曹操常说的四个字："正合吾意。"此外，还可以把责任推给别人，出了事情就处理那个出"馊主意"的人。

真正的思考一定是独立思考。一个人只有在独立思考的时候，才是最冷静、最理性的。当然，不是说提倡独立思考，就否认交流沟通。正确的做法应该是，在独立思考的基础上，再开展"头脑风暴"，而不是什么都没有就天马行空地"风暴"起来。比如，我们要作出某项重要决策前，先由几个人或几个小组分开，各自独立撰写研究报告，然后再开会讨论，这时就可以"头脑风暴"了。

本章小结 ✅ - ●

1.客观性就是一切以事实说话。即便坚持客观性原则，同样可能产生偏见。当我们面对事实时，可能存在选择的偏见和判断的偏见。

2.批判性思维的事实应该是恰当的、充分的和有效的。

3.公正性就是不偏不倚。公正性以客观性为基础，能够换位思考、均衡考虑相关主体利益等。

4.人们最不容易做到的是对自己的公正。这需要我们虚怀若谷、淡泊名利、冷静理性。

5.相关性是指内容与主题相关、论据与观点相关、前后相关（一致）、言行一致。

6.清晰性就是要清楚、准确、符合逻辑地表达我们的观点，这是清晰性的基本要求；使对方理解，这是清晰性的目的。

7.开放性是指能够容纳与我们理念、利益不一致的观点，并能够及时改正自己错误的观点。

8.无论我们是否知道别人的观点，也无论别人的观点是否与我们的一致，我们都能够独立地作出判断和决策，这就是独立性。

进一步阅读 ✔ --------------------------------•

[1] 摩尔 B N，帕克 R. 批判性思维 [M]. 朱素梅，译. 北京：机械工业出版社，2020：第 1 章.

[2] 巴沙姆 G，欧文 W，纳尔多内 H，等. 批判性思维 [M]. 舒静，译. 北京：外语教学与研究出版社，2019：第 1 章.

[3] 谷振诣，刘壮虎. 批判性思维教程 [M]. 北京：北京大学出版社，2006：第 1 章.

思考题 ✔ --------------------------------•

1.下面这段话引自马丁·海德格尔的《存在与时间》，请写下你的读后感（当然，你可能会认为我们仅选择一段话有"断章取义"之嫌）：

时间性使得存在、真实性和崩塌的结合成为可能，从而从根本上构成了牵挂状态的整体。正如瞬时在"时间的流逝"中逐渐累积一样，牵挂的要素也从未来、已然和现在之中逐渐累积。时间性完全不是整体。然而，时间性会对其自身加以限定……时间性会限定时间，也为自身设定了多种可能。这使得"此在"存在模式的多样性成为可能性，尤其是真实或不真实的存在的基本可能性。①

2.亚伯拉罕·林肯是美国历史上伟大的总统，也是一位善辩的律师。有一次，他在法庭上对斯蒂芬·T.洛根大法官发难："先生们，洛根法官是位很厉害的律师，我和他很熟，对这点毫不怀疑。但他有时候也会出错。一开庭我就注意到了，这位先生尽管很谨慎和讲究，但还是百密一疏，把衬衫穿反了。"洛根听了满脸通红，他的确把衬衫穿反了。经林肯这么一提醒，大家也都注意到了，还引起哄堂大笑。洛根对陪审团的慷慨陈词顿时黯然失色。这正中了林肯的下怀。请问林肯违反了批判性思维的哪个特征？或者说他利用了洛根的哪个思维谬误？如果你是洛根，你将如何反驳林

---

① 转引自巴沙姆 G，欧文 W，纳尔多内 H，等. 批判性思维 [M]. 舒静，译. 北京：外语教学与研究出版社，2019：8.

肯？陪审团忽视了批判性思维中的哪一点？为什么？

3.对照本章所讲的优秀思考者或者批判性思维的特征，认真分析自己，最符合的一项是什么？最不符合的一项是什么？为什么？分别有哪些证据支持？对最不符合的一项，今后如何改进？

4.假如有足够的证据证明你相信的某个信念是错误的，你会怎么做？

5."双重标准"这一思维谬误是由于缺乏批判性思维的哪个特征而造成的？按照这种方式，请把前面介绍的主要思维谬误与本章的批判性思维特征联系起来。

6.关于代孕，有两派观点：一派认为这是不道德的，因为这和贩卖奴隶没有任何区别。如果什么东西都可以用金钱买到的话，那富人是不是就可以为所欲为了呢？既然可以花钱请人代孕，也可以花钱买别人几年甚至一辈子的生命，而生命权是不能交易的。另一派则认为，既然一个愿买一个愿卖，就属于公平的市场行为，并且这对双方都有好处，富人省去了怀孕和生产的痛苦，穷人又获得了经济收入，增加了彼此的效用。请对上述观点进行评述。

7.当你面对权威（包括父母、领导）时，如何既不与权威发生冲突，又保持自己思维的独立性？请举例说明。

8.我们经常要面对的问题是：如何判断我们所接收的信息是真实的？你有什么好的办法？请举例说明。

9.当与自己切身利益相关时，如何保持思维的公正性？请举例说明。

10.仅靠逻辑工具，能不能判断证据与结论的相关性？为什么？请举例说明。

7

批判性思维的方法：概论

> 在一个共和国，由于公民所接受的是理性与说服力而不是暴力的引导，推理的艺术就是最重要的。
>
> ——托马斯·杰弗逊（1743—1826，美国第三任总统，《独立宣言》主要起草人）

课前思考 ☑ --●

1.根据前面对常见思维谬误、主要思维规律以及优秀思考者的特征的介绍，你认为批判性思维的方法应该是怎样的？

2.我们常说"以事实为依据"，你认为哪些是事实？如何获得论证所需的事实？

3.在现实中，你是否感到自己或身边的人"缺乏逻辑"？具体有哪些表现？

4.你会不会对理解"不是所有人都能够不被谣言所迷惑"这样的句子感到吃力？

5.你有没有被别人用言语"绕进去"而一时无法"脱身"的情况？

6.你觉得经济学、社会学等学科的预测性如何？它们为什么不能与物理学、天文学的预测性相提并论？

本章导读 ☑ --●

前面讲过，批判性思维有多个同义词或近义词，如理性思维、科学思维、逻辑思维、反思性思维等。这些只是表达方式不同、侧重点不同而已，其核心就是科学思维。

现代科学的要素有两个：一个是逻辑；另一个是实证。因此，科学的标准是依据事实、符合逻辑和检验预测。其中的"依据事实"和"检验预测"属于"实证"的要求，而"符合逻辑"自然就属于"逻辑"的要求了。

批判性思维就是以科学思维为依据的，我们在本章所介绍的批判性思维的主要方法，就是依据事实、符合逻辑、检验预测。但是，即便到了科学技术高度发达的现代，很多人仍然是"科盲"，他们宁愿相信占星术、通灵术、鬼魂、转世、算命等伪科学的东西，而不愿意相信科学的观点和论证。因此，普及科学思维并非没有必要。

7.1 依据事实

我们在"优秀思考者的特征"里，把"客观性"排在首位。批判性思维的方法首先是符合事实，这是"客观性"的要求。但符合事实并不是那么简单的，包括什么是事实、如何获得事实、如何运用事实等几个方面。

7.1.1 什么是事实

所谓事实，就是客观的存在。比如，我们这个班有100多名同学，现在都坐在这间教室里，都拿着《批判性思维》这本教材，这就是事实。大多数学生都在认真听老师讲课，但也有部分学生在开小差，这也是事实。有的学生在认真思考，能够回答老师的提问，而有的学生从来就没有主动回答过问题，这还是事实。这些事实是我们能够观察到的。

即问即答7-1："我心里想的""小说里虚构的"是不是事实呢？

我们认为，这些都是事实。你心里想的"对象"不一定是客观存在的，但"你正在想"是事实。比如堵车的时候，我们会想，如果有一辆可以立地起飞的车多好，但这样的车暂时并不存在，所以，这车不是事实，但我们"在想有这样一辆车"是事实。

同样地，小说里虚构的对象不一定是现实中的事实，但小说"虚构了这个对象"是事实。比如《红楼梦》里女娲补天剩下的那块"石头"，肯定不是事实，但"《红楼梦》写了这块石头"是事实。

要证明某件事是事实，可以用反证法，即证明"不是事实"是假的。堵车时我们没有想过"如果有一辆可以立地起飞的车多好"吗？《红楼梦》没有写过女娲补天剩下的那块"石头"吗？回答肯定是"想过"和"写过"。

事实有几个层次：

首先是我们可以感觉到或通过科学仪器可以测量到的对象。这是我们最容易理解和认同的事实。

其次是我们虽然现在还不能观察到，但随着技术的进步和时间的延后能够观察到的对象。比如在微观世界，我们对物质最小单位的认识是从分子、原子，到原子核的质子、中子，再到夸克，现在认为最小的是普朗克尺度；在宏观世界，我们从认为太阳围绕地球转，到认识到实际上是地球围绕太阳转，再到认识到太阳系也不过是宇宙中一个极小的部分，现在可以观察到几十亿光年之外的星系；在思维世界，我们从认为心脏是思维的器官，到认识到大脑才是思维的器官，再到认识到大脑的分区及其功能，都是随着科学技术的发展而逐渐观察到的。至于宇宙更远地方的对象，以及尚未出土的东西，则只有等待时间的延续了。

再次是人类心理活动，特别是思维活动，如"即问即答 7-1"中所说的"我心里想的"。认为这也是事实的最大障碍是，我们无法验证一个人"心里想的"是真是假。比如，你现在站起来回答老师的问题，但回答不出来，老师问你"到底在想什么呢"，你说"在想怎么回答"，而"事实上"你在想的可能是"老师怎么这么烦，问个简单点的、我能够回答的问题不好吗"，但老师无法判断你说的话的真假。不过，我们首先可以确定的是，你确实在想，这是"事实"，只是不知道你在想什么；也许随着脑科学的发展，今后有一种"大脑读写机"，能够把一个人头脑里想到的东西，全部即时输入电脑，那就能够验证一个人是不是在"说谎"了。由于人类对于自己大脑的研究目前还相当于物理学的"前牛顿时代"，因此，未来的发展如何，的确不是我们现在可以预料的。但至少"你在想"是事实。

最后就是"理论事实"，即已经得到验证的科学理论。科学理论本身就是建立在事实的基础之上的，因此属于"事实的事实"。我们认识世界，不可能什么证据都要自己去获取，绝大多数情况下，我们依靠的是已经验证的科学理论。在我们的思维过程中，"理论事实"比前面讲的"经验事实"的作用更大，这也是我们应该不断学习理论的原因。

7.1.2 事实的可重复性

科学对事实的衡量标准是可重复性。所谓可重复性，就是如果我按照你的实验设计重新做实验，可以获得与你的实验一致的实验结果。与之相关的一个概念是可验证性。可重复性虽然与可验证性意思差不多，但还是不一样的。可验证性是指你拿出来的证据，我可以验证其真假，而不一定非得再去做实验或观察。

社会科学的调查，其可重复性就是不完善的。比如你在辽宁做调查，那么，我在重庆所做的调查就不一定与你的调查结果一致。即便我也到辽宁做调查，由于时间不同，所获得的结果也可能不一样。这也是社会科学的调查报告一定要告诉我们是在什么时间、对什么对象进行调查的原因。而自然科学不需要这样，不能说伽利略四百多年前在意大利的比萨斜塔所做的自由落体运动（据说这只是一个传说），我们今天在上海的东方明珠塔就不能重复（当然要注意安全）。

7.1.3 研究中需要考虑事实的可获得性

在实证研究中，我们需要以"经验事实"为依据。前面所讲的四类事实中，前三类属于"经验事实"，虽然有些由于技术因素，现在还处于"未能获得"的状况，但未来可能是"可获得"的。当然，在不具有"可获得性"之前，是不能得到科学的认可的。你说"看到了 UFO"，那得有"可以获得"的证据。

这也告诉我们，在进行分析研究时，一定要注意各种论据是不是"能够获得"。比如，机密文件在没有解密之前，是我们"不能获得"的。此外，还要考虑成本问题，因此需要衡量是不是"容易获得"。比如，我们想对企业的薪酬问题进行实证研究，就需要很多不同类型企业的薪酬管理制度和薪酬数据，这些都是"不容易获得"的，很多企业都把这些作为"商业机密"看待。

当然，不是说"不能获得"或"不容易获得"的事实就不是事实，而是说因为"不容易获得"，难以用来支持我们的研究。另外，如果是纯理论研究，那么，需要的是"理论事实"。当然，这也同样需要"容易获得"。

7.1.4 如何获得事实

最可靠的事实，当然来源于我们的第一手材料，也就是通过实验、调查而获得的证据。实验是自然科学、工程技术中最重要的分析工具。而对于社会科学来说，主要的研究工具是调查。虽然有些社会科学，如经济学现在也有实验，但那与自然科学的实验相比，还是有很大差距的。因为经济学的实验对象是人，而不同环境中的人的行为存在较大的差异。

此外，由于实验需要"真金白银"，因此，社会科学的实验不可能规模很大。到目前为止，还是以调查为主，而且主要是抽样调查。关于抽样调查，我们在前面做过介绍。如果需要进一步了解，可阅读统计学的相关书籍。

当然，不可能所有的事实都通过实验或调查来获得，因此，我们还需要大量采用第二手材料，也就是他人的实验或调查结果。在采用第二手材料时，我们需要依靠自己的专业知识，对这些材料进行判断，对其恰当性、充分性、有效性进行分析，以决定是否采用。

有一种折中的方法，就是进行重复实验或调查。虽然相对于直接采用第二手材料的成本高，但这种方法更可靠，而且与他人的实验或调查相比，还节约了实验或调查的设计成本，有可能从中发现新的问题。

7.1.5 如何运用事实

在批判性思维中，我们要论证某一观点，需要以事实为依据。但不是只要是事实，就可以作为论据。第一，要有强相关性，不能用那些无关的事实作为证据。第二，要遵循公正性，不能只用对观点有利的事实，而对不利的事实视而不见。

我们不能认为只要有事实就能作出判断，因为很多时候，虽然有事实，但由于事实不充分，也不能作出可靠的判断。事实不是判断的充分条件，但事实是作出可靠判断的必要条件，只有符合事实的判断，才可能是真的。事实可以帮助我们排除大量的"假判断"：凡是违背事实的，我们可以肯定地认为，这是假的判断。

在科学史上，有一些判断也是没有事实依据的，这就是科学猜想或科学预测。正如前面所讲的，事实有"经验事实"和"理论事实"之分，科学猜想或科学预测虽然没有"经验事实"作为依据，但依靠的是"理论事实"，并有可能在后来得到"经验事实"的验证，无论是证实还是证伪。

7.2 符合逻辑

在这里，逻辑主要是指思维的规律、规则，以及研究这些思维规律和规则的逻辑学或逻辑知识。

7.2.1 逻辑公理

所谓公理，是指不证自明的基本事实或基本命题。在逻辑推理中，有以下四条公理：

（1）同一律：A只能是A，而不是B。

同一律看似一句"废话"，但非常重要，因为人们常常犯违反同一律的思维谬误，如前面所介绍的混淆概念、模棱两可。此外，因为公理是不证自明的，当然看起来就像是"废话"了。后面要讲逻辑的三要素，其中的概念就必须符合同一律的要求，即名实相符，名是概念，实是所定义的对象，两者要完全一致；否则，就容易引起误解。命题也必须符合同一律的要求，否则就会出现"转移注意力""偷换概念""滑坡谬误""稻草人谬误"等错误。以下例子，双方讨论的就不是同一个对象：

【例7-1】警察：你酒后驾车。

司机：我从来没有这样，这是第一次。

【例7-2】母亲：你放学后跑哪里去了，又晚到家一个多小时？

女儿：你怎么总是挑我的毛病！

【例7-3】语文老师：你怎么没有完成布置的作文？

学生：我的数学题做得可好了。

这样的对话就违反了同一律，因此很难集中探讨同一个问题。同一律虽然看起来只是"A就是A"这么简单，但其作用是很强大的。首先它能够保证思维的一致性，包括名实一致、前后一致、言行一致等；然后它能保证思维的确定性，避免张冠李戴的错误。

当我们说"A是A"时，不是指字面上的"同一"，而是后面我们要讲到的概念的内涵与外延都要"同一"，否则就没有遵守同一律。在各种辩论赛，甚至政客之间的辩论中，违反同一律的情况很常见，只是不太容易被人们识破而已，因为他们采取了引申、夸张、简化、省略等手法。

（2）矛盾律：A不是非A。

在同样条件下，有关对象的同一方面的两个互相矛盾的观点，必然有一个是假的。它应该叫"不矛盾律"，就是不能有两个相互矛盾的观点同时成立。请注意，这里有两个限定词：同样条件、同一方面。

先看同样条件。同样条件可以是时间、地点、人物、环境等多个方面。比如，我们说"我原来红薯吃多了，后来见到红薯就烦，现在又喜欢吃红薯了"，这里就是条件已经改变了。"原来"因为贫困，没有那么多大米吃，只能多吃红薯；"后来"经济条件改善了，当然就不需要吃红薯了，并且由于小时候吃多了，故而"反感"，所以有句话叫"吃伤了"；"现在"因为听医生说吃红薯有益健康，甚至可以防癌，而且现在可以将红薯做成各种美味，于是就又喜欢吃了。

再看同一方面。比如《三国演义》里的关羽，"身在曹营心在汉"，身、心就是不同的方面。我们不能说关羽"身既在曹营又在汉"吧，即便是现在的"穿越剧"，也不可能同时既在现代又在古代，也是一会儿在现代一会儿在古代。

矛盾律可以看作同一律的延伸。因为同一律告诉我们，A只能是A，如果A是非A，我们就可以把"非A"定义为B，这样就变成了"A是B"，就违反了同一律。

那么，有没有可能相互矛盾的两个观点都是假的呢？有学生以微观粒子的"波粒二象性"为例，说它"既具有粒子的属性，又具有波的属性"，所以是矛盾的。这是对矛盾律的误解。如果说"既具有粒子的属性，又不具有粒子的属性"，那才是矛盾的。这就像我们说一个人"边走边看手机"是一样的，这不等于他"在走又不在走"。相互矛盾的观点一定是"A"和"非A"，而不是"A和B"。

矛盾律还可以帮助人们推导出正确的结论，反驳错误的结论。科学史上著名的例子就是伽利略的比萨斜塔实验。尽管这可能只是个传说，但"在真空状态下，物体下降的速度与重量无关"的确是伽利略提出来的。而在此之前，亚里士多德的理论"物体的下降速度与重量成正比"让人们坚信了近两千年。这也说明，即便是提出了逻辑的同一律、矛盾律和排中律的亚里士多德，也不是任何时候都能应用自己的理论的。

伽利略其实就是做了个简单的思想实验而已。他假设有A、B两个物体，A重B轻，那么，根据亚里士多德的理论，A下降的速度就大于B下降的速度。现在把A和B绑起来，其重量就大于A，所以，"A+B"的下降速度就会大于A下降的速度。但由于B的速度小于A的速度，B就会拖慢A，A和B绑在一起下降的速度就会小于A下降的速度，应该是介于A的下降速度和B的下降速度之间。这就产生矛盾了。所以，伽利略认为，亚里士多德的观点是错误的。

令人惊讶的不是伽利略的思维方式，而是自亚里士多德提出那个观点后的近两千年，竟然没有人对此产生怀疑。可见，在思想禁锢的环境下，人们的思维也被"驯化"了，不会怀疑任何东西。所以，禁锢思想和愚民政策是历代专制统治者的不二选择，在这种情况下，人们不会怀疑"神授君权""替天行道""受命于天"之类的理论；连文人也成为"帮凶"，通过渲染"祥瑞""天相"之类子虚乌有或巧合的东西，来神化君王等"大人物"，为他们统治大众找到"天机"。

（3）排中律：排除中间状况，就是指我们对于任何事物在一定条件下的判断，要有明确的"是"或"非"的结论，不能模棱两可。请注意，这里的定语"在一定条件下"，也是对范围的界定。因为在不同的条件下，即便是同一个对象，也会有不同的表现，因而会得出不同的结论。

比如一个考试成绩很差的学生，通过努力学习成绩优秀了，这就是两种不同的条件。或者，某学生数学成绩不好，但绘画成绩好，这也是两种不同的条件。我们进行判断的时候，一定要注意是在哪种条件下。

遵循排中律，与前面讲的不能"非此即彼"不是一回事。"非此即彼"是指对于对象的认识只有两种状态，不是这种状态，就是另一种状态。而排中律讲的是，该对象"现在"（就是"一定条件下"）要么是这种状态，要么不是这种状态。不是这种状态，可以是其他多种状态中的一种，而不是只能是另外一种状态。

这样说起来有点拗口和令人眩晕，还是举个例子吧。比如，我们判断一个人，说他"不是好人就是坏人"，那就是犯了"非此即彼"的思维谬误，因为我们只给出了这个人的两种状态。排中律是指，当我们说这个人的某句话或某种行为时，不能说他是对的，又说他是不对的。我们常常这样分析问题："这个人虽然犯了错误，但本质上是好的。"或者说："这件事虽然导致了经济损失，但也让我们学到了宝贵的经验。"这是不是违反了排中律呢？不是。因为在这两句话里，前半句和后半句是在"不同条件下"的判断。"这个人犯了错误"是指行为本身，而"本质上是好的"则是指道德品质；"导致了经济损失"是指"过去"在经济方面的得失，而"学到了宝贵的经验"则是针对"未来"的。但如果我们说"这个人虽然犯了错误，但也不是错误"，或者"这件事虽然导致了经济损失，但也不是经济损失"，那就明显违反排中律了。

这也就是我们从一开始就要大家注意"在一定条件下"的原因。其实，任何规律都是有其适用条件的，牛顿定律适用于"常规世界"，量子力学适用于微观世界，相对论适用于高速运动的世界，都是"在一定条件下"。至于文化、社会、政治、法律等，更是如此，在一个国家是"对"的，在另一个国家则"不一定对"。

排中律还可以简单表述为：两个互相矛盾的命题不可能同假，必有一真。

把矛盾律和排中律结合起来，就是：任何命题要么真要么假，非真即假，非假即真。这就是"真假二值原则"，也叫"二值逻辑"，即在"真"和"假"两个值中，只能选择一个，或者说，只有一个是对的。

（4）充足理由律：任何事物都有其存在的充足理由，即宇宙万物的存在都有其充足的依据。按充足理由律的提出者莱布尼茨的观点，就是"必须有为什么这样而不是那样的充足理由"。换个方式来说，仅"有理由"是不够的，必须有"充足理由"，当然更不能"没有理由"，所以，这又叫"因果律"。这与我们是否已经找到充足理由是无关的，因为人类的认识是有限的。但在没有找到充足理由之前，我们不能对事物的存在作出充分的解释，不能对观点作出充分的证明。

这个公理的另一种表达方式是：宇宙中的事物都不能自我解释，自身不是自身存在的原因。因为如果自身是自身存在的原因，由于原因总是在结果之前的，那就意味着自身在自身存在之前就存在了，这显然是荒谬的。

要理解上述公理，还需要清楚构成逻辑的要件，以及什么是"等价命题"。

7.2.2 逻辑的要件

要有效地应用逻辑，必须清楚以下三个逻辑要件：

（1）概念。概念是为了更好地界定事物的内涵和外延，这样就不至于在讨论过程中，你说你的，我说我的，看起来是在说同一个对象，实际上说的不是同一个对象。概念是为了保证符合同一律，并不违背矛盾律和排中律。

我们常用内涵和外延来界定概念。内涵是指该概念所指的对象的本质特征，外延则是指对象所包括的范围。如"诗人"这个概念，内涵是"会写诗的人"（当然要有一定成就），而外延则包括李白、杜甫、雪莱、泰戈尔等。

两个概念要内涵、外延一致，才能够互换，否则就是我们在前面讲的"偷换概念"。

（2）命题。命题也叫判断、断言，是将多个概念连接起来，用于表达我们所要讨论的对象的语句。命题都是以陈述句的方式出现的，如"A（不）是B""A（不）能B"等。在这里，A和B分别是两个不同的概念，但是两个相关的概念，是对同一对象的不同描述。如"我是湖南人""柴能生火"都是命题。命题不违背同一律"A就是A"，而是同一律的另一种表达方式。命题也是为了符合同一律、矛盾律、排中律的要求。祈使句（如"把窗户关上"）和疑问句（如"需要把窗户关上吗"）因为不符合命题的格式，所以都不是命题。

（3）推理或论证。推理或论证是根据一个或几个命题，推导出另外的命题的过程。也就是说，推理是将几个命题连接起来。其中，前面的命题是理由或前提，最后的命题是结论。这是充足理由律的要求。同时，在推理过程中，不能违背同一律、矛盾律和排中律。特别要注意的是，在推理或论证中，前提和结论都必须能够以"真""假"来判断。

在以上三个要件中，概念是基础，相当于一栋房子的地基。地基如果不牢，哪怕建造了华丽的大厦，也容易倒塌。所以，有时候人家就可以通过对某一文章中基本概念的反驳，而反驳该文中的观点和结论。命题是建房子的各种支柱、横梁等，一栋房子是靠这些支撑起来的。推理或论证则是建造房子的过程，我们必须依据力学、建筑学等学科的原理；否则，建好的房子也可能垮掉。

为了更好地理解，我们举一个"生死攸关"的例子。比如，在对堕胎是否违法的讨论中，就涉及"还没有出生的胎儿到底是不是生命"的问题。这就需要对"生命"进行严格的界定。在不同的含义里，就会有不同的命题："堕胎（不）是犯罪。"然后才有不同的推理："张三（不）是犯罪。"

同样，死亡的定义，原来是以心脏停止跳动为依据，后来改为以脑死亡为依据。这样，一个在心脏死亡定义下已经死亡的人，在脑死亡定义下可能就没有死亡，最终也就改变了推理的结果。

无论是阐述自己的观点，还是反驳对方的观点，都可以从以上三个方面入手。概念是否清晰、准确，命题是否正确、有根据，推理是否清楚、有效。只要其中一个有问题，整个推理过程就有问题。

7.2.3　命题的分类

命题有多种分类方式。我们选择根据主谓项关系，把命题分为直言命题、选言命题、假言命题的分类方法，因为这是后述内容要运用的命题形式。

（1）直言命题，其基本格式由四个部分组成：第一，量词：所有、有些；第二，主项S（subject term）；第三，联项：是、不是；第四，谓项P（predicate term）。例如，所有（有些）S（不）是P。前面的量词是直言命题的"量"，分为全称（所有）和特称（有些）；而联项是"质"，分为肯定（是）和否定（不是）。这样，我们就可以把直言命题分为以下四种基本格式：

全称肯定命题（A命题）：所有科学家都智力超群。（如果用基本格式表达，就是"所有科学家都是智力超群的人"。）

全称否定命题（E命题）：没有科学家智力超群（如果用基本格式表达，就是"所有科学家都不是智力超群的人"。）。

特称肯定命题（I命题）：有的科学家智力超群。

特称否定命题（O命题）：有的科学家智力不超群。

也就是说，直言命题通过连接两个项（概念），如"S是P"，直接表达某个对象如何。主项S和谓项P只能是名词或名词组，如"鲁迅是文学家、思想家、革命家"。

在以上四类命题中，如果A命题是真的，则I命题必然真，因为I命题中的"有的科学家"只是A命题中"所有科学家"的一部分，但E命题和O命题就必然是假的，因为E命题是对A命题的"全盘否定"，而O命题是对A命题的"部分否定"。

即问即答7-2：我们常看到这样的命题，如"气温超过35℃就是高温天气""经济衰退会导致失业"，这两个是不是直言命题呢？

这两个是直言命题，因为可以把这两个命题改写为："气温超过35℃的天气就是高温天气"和"处于衰退中的经济是会导致失业的经济"，这就符合直言命题的基本格式"……是……"了。当然，由于语言要具有简洁性，特别是当别人能够听懂、看懂的时候，就没有必要那么"啰嗦"。

我们也可以说，直言命题是直接表述某个对象具有某种属性的命题。我们经常用形容词来表示属性，那是因为省略了形容词后的名词。比如"邮递车是绿色的"，实际上是说"邮递车是绿色的车"。直言命题是演绎逻辑的基础。对直言命题的分析最早是由古希腊哲学家亚里士多德在《工具论》里提出来的。

（2）选言命题，其典型格式是"要么……要么……""……或者……""不是……就是……"等，从中选择一个是真，如"他要么是英国人，要么是法国人""你们两人总得去一个执行任务，或者你去，或者他去"等。

选言命题不一定只是"二选一"，也可以"多选一"或"多选多"。"二选一"相当于我们做判断题，一个陈述要么正确，要么错误，不可能既对又错。"多选一""多选多"则分别相当于做"单项选择""多项选择"题。

此外，选言命题中的两个选择也不一定是相互矛盾的，还可以是同时成立的。不可能同时为真的选言命题是"不相容选言命题"，如"他要么上了分数线，要么没上，要等待分数线公布后才知道"。可以同时为真的两个选择，我们称之为"相容选言命题"，如"他也许是诗人，也许是散文家"，因为他既可能是诗人也可能是散文家，还可能是小说家，而"诗人"和"散文家"是不排斥的。

（3）假言命题，其典型句式是"如果……那么……"，是带有条件的，必须满足"如果"后面的条件，才能有"那么"后面的结果，所以也叫"条件命题"，如"按照规定，如果迟到15分钟及以上，就按旷课处理""如果不在早上7点以前动身，进城就会堵车"。逻辑学一般把条件部分叫"前件"，用 p 表示；而把结果部分叫"后件"，用 q 表示。典型句式是"如果 p，那么 q"。

7.2.4　直言命题的换位与换质

我们要知道，哪些命题是等值的，也就是说，两个命题是完全一致的。这就涉及两个概念：换位和换质。

（1）换位。换位是指把主项和谓项的位置对调，把"S 是 P"，换成"P 是 S"。我们针对 A、E、I、O 四类直言命题，看哪些命题换位后与原命题是等值的。

A 命题：所有 S 是 P。如果画出图，就是代表 S 的这个圈，在代表 P 的这个圈之内。如果换位成"所有 P 是 S"，大家想想，一个大圈内的所有点，会不会在其内的一个小圈之内呢？当然不会，因为在大圈 P 之内但又不在小圈 S 之内的那些点，就不符合条件。因此，A 命题换位后是不等值的。

【例 7-4】所有物理学家都是科学家。换位后"所有科学家都是物理学家"显然不成立，因为科学家还有化学家、生物学家、天文学家等。

但如果我们把"所有 S 是 P"换成"有些 P 是 S"呢？如"有些科学家是物理学家"，这就成立了。这种换位叫限制换位，把全称改成了特称。

E 命题：所有 S 不是 P。这就是说，S 这个圈与 P 这个圈没有交集。如果换位成"所有 P 不是 S"，同样是 P 和 S 没有交集。因此，E 命题换位后是等值的。

【例 7-5】所有狗不是猫。换位成"所有猫不是狗"，显然是成立的。

I 命题：有些 S 是 P。符合条件的，是 S 与 P 共同的部分。如果换成"有些 P 是 S"，同样是 S 和 P 共同的部分。因此，I 命题换位后也是等值的。

【例 7-6】"我们班有些同学喜欢打篮球"，指的是"喜欢打篮球的人里边那些我们班的同学"。换位成"有些喜欢打篮球的同学是我们班的"，指的仍然是"喜欢打篮球的人里边那些我们班的同学"，所以是等值的。

O 命题：有些 S 不是 P。符合条件的，是属于 S 但不属于 P 的部分。换位成"有些 P 不是 S"后，符合条件的是属于 P 但不属于 S 的部分。这两个部分刚好没有交集。因此，O 命题换位后不等值。

【例 7-7】"我们班有些战士没有牺牲"，指的是"我们班没有牺牲的战士"。换位成"有些没有牺牲的战士是我们班的"后，指的则是"那些没有牺牲的战士"的一部分，与"我们班没有牺牲的战士"是不同的群，所以是不等值的。

可见，只有 E 命题和 I 命题换位后是等值的，A 命题在限制换位后有效，O 命题换位后不等值。

（2）换质。换质是把 X 换成"非 X"。请注意，"非 X"不只是 X 的反对项，而是指 X 之外的所有对象。比如，"赢家"换质后变成的是"非赢家"，而不只是反对项"输家"，还包括不输不赢的（平局）、不参与者。再如，"男人"换质后是"非男人"，而不只是"女人"，还包括变性人，牛、马等动物，花、木等植物，金、银、铜、铁等金属，氢、氧、钙、碳等非金属，太阳、火星等天体。

我们对 A、E、I、O 四类命题进行换质。一个直言命题换质包括两方面：第一，改变质，即从肯定变为否定，或从否定变为肯定；第二，将谓词 P 变为"非 P"。

A 命题：所有 S 是 P。换质后为"所有 S 不是非 P"。"非 P"是指 P 这个圈之外的所有对象。由于 S 在 P 这个圈之内，当然不可能在 P 这个圈之外，所以是等值的。

【例 7-8】这个团队的所有成员都是博士。换质后：这个团队的所有成员都不是非博士。

E 命题：所有 S 不是 P。换质后为"所有 S 是非 P"。换位前，S 这个圈在 P 这个圈之外。换位后，S 这个圈在"非 P"这个圈之内，而"非 P"这个圈代表的就是 P 这个圈之外的所有点，S 这个圈肯定在"非 P"这个圈之内，因此是等值的。

【例 7-9】所有猫不是狗。换质后：所有猫是非狗。

I 命题：有些 S 是 P。换质后为"有些 S 不是非 P"。换位前的命题表示的是 S 与 P 重合的那个部分。换位后的命题表示的是既在 S 之内又在 P 之外的部分，同样是 S 与 P 重合的那个部分，所以是等值的。

【例 7-10】有些人是富豪。换位后：有些人不是非富豪。

O 命题：有些 S 不是 P。换质后为"有些 S 是非 P"。换位前的命题表示的是属于 S 但不属于 P 的那个部分，换位后的命题表示的是 P 之外但属于 S 的那个部分，两者是重合的，所以是等值的。

【例 7-11】有些人不是教授。换位后：有些人是非教授。

可见，所有直言命题换质后都是等值的。

7.2.5　假言命题的三类条件

在假言命题中，我们经常会用到以下三类条件：

（1）充分条件。只要符合条件，就会出现结果。"只要……就……"是其典型句式。即便不满足条件，结果也可能出现，如"该校录取三十多人，因此，只要能够进入前十名，就肯定会被录取"。进入前十名是充分条件，而不是必要条件，即便没有进入前十名（比如前三十名），也可能被录取。

（2）必要条件。只有满足条件，才会出现结果。"只有……才……"是其典型句式，如"只有上了该校的录取线，才能被该校录取"。上录取线是必要条件。即便满足前提条件，也不一定出现结果。不过，如果不满足条件，则肯定不会出现结果。上了录取线也不一定能被录取，但如果没有上录取线，则肯定不会被录取。因此，也可以用"除非……否则不……"的句式，如"除非上了录取线，否则不可能被录取"。

（3）充分必要条件（简称充要条件）。如果符合条件，就必然出现结果（充分条件）；如果不符合条件，则肯定不会出现结果（必要条件）。"当且仅当……"是其典型句式，如"当且仅当三角形的三个角都相等时，三条边才相等"。

如果以假言命题的一般句式"如果p，那么q"来判断，p是q的充分条件，即"只要p，就q"，或者"即便非p，也可能q"。如前面的一个例子，只要"迟到15分钟及以上"，就会"按旷工处理"；但"按旷工处理"不一定是因为"迟到15分钟及以上"，还有"无故不上班"等情况。既然迟到15分钟就按旷工处理，如果眼看着就要迟到15分钟，就没有必要去上班了，所以，这样的规定是不合理的。

倒过来，q是p的必要条件，即"只有q，才p"或"即便q，也不一定p"。还是用前面的例子，只有"按旷工处理"，才是"迟到15分钟及以上"；即便"按旷工处理"，也不一定是"迟到15分钟及以上"。

可以这样归纳：

A.从p<u>一定能</u>得到q，从"非p"也<u>可能</u>得到q，则p是q的充分条件。从"迟到15分钟及以上"可以推出"按旷工处理"，从"无故不上班"也可以推出"按旷工处理"，所以"迟到15分钟及以上"是"按旷工处理"的充分条件。

B.从p<u>可能</u>得到q，从"非p"则<u>一定不能</u>得到q，则p是q的必要条件。"上录取线"可能"被录取"，"没上录取线"肯定不会"被录取"，所以，"上录取线"是"被录取"的必要条件。

C.从p<u>一定能</u>得到q，从"非p"<u>一定不能</u>得到q，则p是q的充分必要条件。"三条边相等"肯定"三个角相等"，"三条边不等"则肯定"三个角不等"，所以，"三条边相等"是"三个角相等"的充分必要条件。

还可以这样归纳：从p一定得到q，p是q的充分条件；从q一定得到p，p是q的必要条件；从p一定得到q且从q一定得到p，则p和q互为充分必要条件。"三条边相等"与"三个角相等"就互为充分必要条件。

直、选、假三个字，分别是直接、选择、假设的意思。假言命题是有条件的，选言命题是有选择的，而直言命题是无条件的、无选择的。

7.2.6　命题的四种形式

为了更好地理解逻辑推理，我们需要了解命题的四种形式，这样我们才能知道哪些命题是等价的，哪些是不等价的。

（1）原命题，就是一个原始命题，我们简单表述为"S→P"，其中S是主项，P是谓项。一个为真的原始命题，是指S真，则P真。如"经济学家是从事经济研究的人"，其中主项S是"经济学家"，谓项P是"从事经济研究的人"。

（2）逆命题，就是把原命题的主谓项倒过来，表述为"P→S"。如"从事经济研究的人是经济学家"，可见逆命题与原命题不是等价的，即P真，不一定S真，因为从事经济研究的人不一定是经济学家，还可能是财经记者、政府和企业的经济调查研究人员等，他们都在从事经济研究，但都不是经济学家。这就像"专业九段围棋手是下围棋的"成立，而"下围棋的是专业九段围棋手"不一定成立一样。

（3）否命题，就是把原命题的主谓项都否定，表述为"非S→非P"。如"不是经济学家就不研究经济"，可见否命题也不与原命题等价，因为不是经济学家也可以研究经济，就像不是专业九段围棋手也可以下围棋一样。

（4）逆否命题，就是把原命题的主项否定后变为谓项，把原命题的谓项否定后变为主项，表述为"非P→非S"。如"不研究经济的就不是经济学家"，这与原命题就是等价的。

可见，只有逆否命题才与原命题等价。

7.2.7 两种基本的逻辑论证方法

逻辑有两种基本的论证方法：演绎论证、非演绎论证。我们常说的归纳论证，是非演绎论证中非常重要的一种方法，我们先介绍演绎论证和归纳论证。

演绎论证是从"规律"（前提）推导出结论，而归纳论证则刚好相反，是根据很多事实（证据）总结出"规律"。演绎论证的关键词是"推导"，而归纳论证的关键词是"概括"。

当然，我们在后面会看到，这样的区分是不太严格的。

从认识论的角度看，归纳是从个别到一般的认识过程，而演绎是从一般到个别的认识过程。当然，这样的界定还是不太严格的，我们在后面要对此进行严格的界定。但对归纳和演绎的这种不太严格的界定，已经足以用于平常的阐述了。

根据这种不太严格的界定，结合人类的认识史，就不难知道，我们是先归纳出规律，再根据这些规律去推导出结论或另外的规律，也就是说，先有归纳，后有演绎。

（1）归纳论证：就是从很多事实或证据中归纳出可以推而广之的规律（观点）。比如，我们说一个好的单位具有哪些特征，往往是根据对很多单位的考察，从而得出带有普遍性的结论。同样地，我们之所以认为优秀的人才是德才兼备的，也是根据对很多人的观察、研究而获得的结论。

（2）演绎论证：就是根据已有的一般规律，推导出个别的结论。如"一个优秀的人才是德才兼备的"，这是人们根据已有的观察和经验总结出来的"一般规律"，然后我们具体针对张三、李四，判断他是否德才兼备，从而判断他是不是优秀的人才。

但仅用演绎论证和归纳论证难以涵括所有的论证方式，还有类比论证、比喻论证等。

7.2.8 演绎论证与非演绎论证的区别

现在我们给出区分演绎论证和非演绎论证的两个基本特征：

（1）主项和谓项的范围。前面讲到，演绎论证是从一般到个别的推理，我们说这是不太严格的界定。这是因为演绎论证同样可以：

A.从一般到一般。比如，所有能够出厂的产品都是合格产品，所以，所有合格产品都能够出厂。

B.从个别到个别。比如，全校篮球打得最好的是张三，所以，张三是全校篮球打得最好的。

C.从更大范围的一般到更小范围的一般（这可以看作从一般到个别，因为我们可以把"更小范围的一般"看成个别）。比如，全体人员参加明天的典礼时必须穿工作服，所以，我们班也必须穿工作服。

这些都是演绎论证，但并不都是从一般到个别的论证。所以，应该这样总结演绎论证的特征：结论的主项的范围不能超出谓项的范围。

同样地，也不能简单地认为非演绎论证是从个别到一般的推理。非演绎论证的特征是，结论的主项的范围不能小于谓项的范围。

（2）必然性与或然性（可能性）。演绎论证与非演绎论证的根本不同，还在于结论的可靠性。演绎论证的结论是必然性的，只要前提为真，结论就必然为真。所以，演绎论证是必然性的论证。而非演绎论证的结论是或然性的，即便前提为真，也不能保证结论一定为真。比如，我们观察到一万只天鹅是白的，然后作出"天鹅都是白的"结论，但只要发现了黑天鹅、灰天鹅，就可以否定这个结论。因此，谨慎的说法是"天鹅可能都是白的"。

由于非演绎论证的这一特点，贸然作出结论是有风险的。这在选人用人上表现得尤为突出。我们往往根据某人已有的表现来总结、判断，但一个人的表现有伪装的成分，所以有些人晋升的前后表现就大不一样。那些已经被查出来的贪官污吏，有几个不是在提拔之前表现"优秀"的？如果不"优秀"，他们就不会被提拔了。

同样地，很多单位在迎接上级检查时，往往会"临阵磨枪"。这本来是"一时"的表现，却被认为"历来如此"。有的单位甚至不惜作假，从别的单位借人借物，应付检查。以前没有电视、网络，领导们经常到各地走访，了解情况；现在领导们经常在电视、网络上出现，下属和广大群众都认识，不论是闲聊还是座谈，大家都会尽量说单位的好事，有些问题就被掩盖了。

7.2.9 非演绎论证的强弱

非演绎论证存在强弱之分。有的论证的结论可信度很高，如果前提真，则结论很可能真，这是强论证。

【例 7-12】这是学校重点打造的实验班，90%以上的学生都能考上重点大学。老王的儿子就在这个班。因此，老王的儿子今后上重点大学应该没什么问题。

虽然是强论证，但也不是必然性论证。第一，实验班不是100%都能考上重点大学；第二，即便往年都是100%考上重点大学，也不能保证老王的儿子毕业时能够考上重点大学。

至于弱论证，就是如果前提真，结论不太可能真。

【例 7-13】这种手术的成功率为60%。李四下周就要动这种手术了。李四的手术会成功的。

60%的成功率，换一个角度说，就是40%的失败率，因此，李四的手术能否成功还不一定。人们说"会成功的"，更多的是一种安慰和祝愿。再看一个例子：

【例 7-14】吸烟群体患肺癌的比例是不吸烟群体的 3 倍。张三吸烟，所以张三患肺癌的可能性是不吸烟者的 3 倍。

这也是一个弱论证。吸烟群体患肺癌的比例是从整体上来说的，但个体差异很大，具体到某个人，就很难说了。有的人吸烟几十年也没事，有的人不吸烟也患了肺癌。这大概就是戒烟很难的原因，每个不愿意戒烟的人都会这么想："那个倒霉蛋肯定不是我。"如果吸烟一定导致肺癌或者 80% 以上吸烟的人会得肺癌，那就是一个强论证，估计戒烟就很容易了。

有关演绎论证和非演绎论证的内容，我们会在后面分别用专章来介绍。

7.3 检验预测

7.3.1 什么是预测

能够作出预测，并能够获得检验，这样才符合科学的标准。

那么，什么是预测呢？预测就是根据已经从事实中总结出来的规律，再假设另外的某些事实，采用逻辑方法进行推理，得出某些应该出现的结果。比如天王星的发现，就是天文学家观察到土星的运行轨迹不能完全用万有引力定律来解释，就预测在它的外面还有一颗行星存在；同样地，因为观察到天王星的运行轨迹不能完全用万有引力定律来解释，就预测在它外面还有一颗行星，结果被后来发现的海王星所证实。

预测的目的之一就是检验思维的正确与否。如果不能达到预测的目的，那就离科学的标准有很长的距离。预测不只是针对未来的，还可以对过去进行"预测"，准确地说是"推测"，比如考古学对出土文物年代的推测。如果从验证的角度看，也可以叫预测，因为也是先作出估计，然后才得到验证的。

7.3.2 自然科学与社会科学的预测

在自然科学领域，根据理论推导的预测即便得到验证，也不一定就能证明理论是正确的；如果得不到验证，则理论肯定是错误的，或者，只能在某一范围内是正确的。换句话说，只要找到一个反例，就能证明理论的不适用性。

社会科学的预测相对较弱。因为社会科学研究的是人类行为，而人类行为因地域、文化、年龄、性别、宗教等不同而有所不同，甚至大相径庭，因此，很难有"放之四海而皆准"的"规律"。即便是"本源"意义上的"人性"，也有"人性善""人性恶""人性非善非恶"的争论。因此，社会科学的规律往往是统计意义上的、一定假设条件下的规律，即"当……"时，或"假定其他因素不变"时，"大多数人"会怎样。社会科学的预测也是统计意义上的、一定条件下的预测，只要满足这些假设条件，大多数人的行为符合预测的结果，就算获得了检验。

比如经济学的预测功能，现在还远远达不到人们所需要的水平。这也是有些经济学家质疑经济学到底是不是一门科学的原因。我们的观点是，虽然经济学还不能预测符合经济规律的结果一定会怎样，但可以预测违背经济规律的后果会如何。当然，我们对很多"经济规律"还没有达成一致意见，比如是否需要政府干预经济，以及干预的程度如何等。

此外，自然科学所作出的预测可以精确到一个"点"，比如彗星什么时候"光临地球"，什么时候有日全食等；而社会科学即使作出预测，也只是一个"范围"，如果"结果"能够在这个"范围"内，就算预测"准确"。当然，这个"范围"不能太大，比如对明年经济增长率的预测，"5.5%±0.5%"的范围是合适的，而"5.5%±10%"的范围则毫无意义。

当然，有些预测能很快得到验证，而有些预测则需要很多年后才可能得到验证，所以要等到未来的某个时刻，再进行验证。验证既包括证实，也包括证伪。

7.3.3　波普尔的证伪主义

卡尔·波普尔（Karl Popper，1902—1994）认为，所有的科学理论都不可能通过证实来验证其科学性，因为我们现在不能找到所有的证据，哪怕已经有一万个证据证明理论是正确的，但如果第一万零一个证据证明理论错了，那理论就错了，至少在一个新的范围内错了。比如，在发现黑天鹅之前，人们认为天鹅都是白的。

波普尔认为，科学应该是可以被证伪的。比如牛顿的经典力学，就被证明在高速运动的世界以及微观世界不成立，这才有了相对论和量子力学。根本就不能证伪的不是科学。比如"前世今生"，就不能被证伪。你说你的前世是一位画家，这怎么可能被证伪呢？如果我说不可能，你会用庄子的句式告诉我："你又不是我，你怎么知道我的前世不是画家？"同样地，你说你看到某人的鬼魂了，也不能被证伪。

证伪主义的重要意义在于其对批判性思维和创造性思维的贡献。批判性思维要求我们质疑一切、反思一切，这和证伪主义的"理论上能够被证伪"是一致的。当我们设法去"证实"一个理论时，与我们设法去"证伪"一个理论时的思维模式是不一样的。前者是先肯定这个理论，然后去寻找相关的证据；而后者是先质疑这个理论，再来证明它的真假。创造性思维也是先试图"否定"现有的东西，才可能"创造"出"新"的东西，同样是以"质疑"为先导的。

本章小结 ✅ ------------------------------------●

1.事实包括人们可以感觉到（很多时候需要依靠科学仪器）的对象、现在还不能但未来能观察到的对象、人类的心理活动，以及"理论事实"（已验证的科学理论）。

2.可重复性是事实的重要特征。

3.第一手材料靠实验、调查获取，第二手材料则通过了解别人获得的事实获取，但最好自己验证。

4.逻辑公理包括：（1）同一律：A是A。（2）矛盾律（准确地应该叫"不矛盾律"）：A不是非A。（3）排中律：A与非A不能同时为真。（4）充足理由律：任何论证都要有充足理由，所以也叫"因果律"。

5.要进行逻辑思考，必须使用概念、命题、推理或论证，这是对逻辑公理的应用。

6.命题分为直言命题（S是P）、选言命题（p或q）、假言命题（如果p，那么q）。

7.直言命题有四种形式：全称肯定命题（A命题）：所有S是P；全称否定命题（E命题）：所有S不是P；特称肯定命题（I命题）：有些S是P；特称否定命题（O命题）：有些S不是P。

8.将直言命题的主项S和谓项P对调，称为"换位"。只有E命题和I命题换位后与原命题是等值的，A命题限制换位后与原命题等值，O命题换位后与原命题不等值。

9.把肯定换成否定，或把否定换成肯定，同时把谓项P换成"非P"，称为"换质"。所有命题换质后，与原命题是等值的。

10.充分条件："只要……就……"是其典型句式，符合条件就会出现结果，但不符合条件也可能出现结果。

必要条件："只有……才……"是其典型句式，符合条件不一定出现结果，但不符合条件则肯定不会出现结果。

充分必要条件（充要条件）："当且仅当……"是其典型句式，符合条件肯定出现结果，不符合条件肯定不出现结果。

11.只有逆否命题与原命题是等价的，逆命题、否命题与原命题不是等价的。

12.演绎论证与非演绎论证的区别：（1）主项S与谓项P的范围，演绎论证，S≤P；非演绎论证，S≥P。（2）演绎论证是必然性论证，非演绎论证是或然性（可能性）论证。所以，非演绎论证是以强弱来衡量的。

13.科学的标准是能够作出预测，并能够获得检验。

14.自然科学的预测可以很精确和准确，社会科学的预测还远远没有达到精确和准确的地步。

进一步阅读 ☑ -----------------------------------●

[1] 柯匹O M，科恩K. 逻辑学导论［M］. 张建军，潘天群，顿新国，译. 北京：中国人民大学出版社，2007：第6、9、11、13章.

[2] 摩尔B N，帕克R. 批判性思维［M］. 朱素梅，译. 北京：机械工业出版社，2020：第2章.

[3] 博斯J A. 独立思考：日常生活中的批判性思维［M］. 岳盈盈，翟继强，译. 北京：商务印书馆，2016：第12章.

[4] 金岳霖. 逻辑［M］. 北京：北京理工大学出版社，2019：第一、二、三章.

[5] 雷曼S. 逻辑的力量［M］. 杨武金，译. 北京：中国人民大学出版社，2010：第5章.

[6] 巴沙姆 G，欧文 W，纳尔多内 H，等. 批判性思维 [M]. 舒静，译. 北京：外语教学与研究出版社，2019：第15章.

思考题 ☑ --- ●

1.英国著名哲学家伯特兰·罗素讲过一个有趣的问答：当他听说修女洗澡时不脱掉浴袍时，就问她们为什么，浴室里又没有男人。她们的回答是：哦，还有万能的上帝啊！请问修女们的回答有没有逻辑问题？有的话，请指出来。

2.回忆一下，你是否曾经仅根据观察而得出错误结论？为什么会这样呢？

3.给出下列每一个直言命题的名称（A、E、I、O）：

（1）有些现代艺术作品不值一提。

（2）所有处于饥饿状态的老虎都是危险的。

（3）有些书简直看不懂。

（4）所有基本粒子都是肉眼看不到的。

（5）所有质数都只能被1和自身整除。

（6）有些错误是可以避免的。

（7）有些貌似高尚的人其实是势利小人。

（8）所有哺乳动物都是胎生的。

4.请把以下命题变为标准式"所有（有些）S（不）是P"：

（1）只要是人就具有理性。

（2）经典著作都是好书。

（3）没有一只猫不是哺乳动物。

（4）任何问题都是可以解决的。

（5）至少有一个人是不需要怀疑的。

（6）至少有一个人是需要怀疑的。

（7）并非所有书都值得读。

（8）至少要培养一种业余爱好。

（9）并非所有畅销书都能成为经典。

（10）有些书既是畅销书又能成为经典。

（11）不是所有四句五个字的作品都是五言绝句。

（12）距离遥远的恒星看起来就像一个亮点。

（13）总有些人不喜欢《红楼梦》这样的优秀作品。

（14）没有人能够游过太平洋。

（15）并非能飞的东西都是鸟。

（16）不幸的家庭各有各的不幸。

（17）百事不利非我弱。

（18）画匠不等于画家。

5.以下逻辑推理中,哪些是有效的,哪些是无效的?请说出理由。

(1) 所有华南虎都是食肉动物。所以,所有食肉动物都是华南虎。

(2) 所有华南虎都是食肉动物。所以,有些食肉动物是华南虎。

(3) 所有华南虎都是食肉动物。所以,所有华南虎都不是非食肉动物。

(4) 有些狗不能看家护院。所以,能够看家护院的不是狗。

(5) 有些狗不能看家护院。所以,有些狗能够做看家护院之外的事。

(6) 有些狗能看家护院。所以,有些能看家护院的是狗。

(7) 有些狗能看家护院。所以,有些狗不能看家护院。

(8) 所有不能出厂的产品都不是合格产品。所以,所有合格产品都能出厂。

(9) 所有不能出厂的产品都不是合格产品。所以,所有能出厂的产品都合格。

(10) 所有不能出厂的产品都不是合格产品。所以,所有不合格产品都不能出厂。

(11) 有些发表在权威期刊上的论文其实质量不高。所以,有些质量不高的论文也可以发表在权威期刊上。

(12) 有些发表在权威期刊上的论文其实质量不高。所以,有些权威期刊上的论文其实质量不高。

(13) 有些发表在权威期刊上的论文其实质量不高。所以,有些质量不高的论文发表在非权威期刊上。

(14) 并非所有人都需要接种疫苗。所以,有些人不需要接种疫苗。

(15) 并非所有人都需要接种疫苗。所以,所有人都不需要接种疫苗。

(16) 并非所有人都需要接种疫苗。所以,需要接种疫苗的不是所有人。

(17) 比尔·盖茨辍学而成为世界首富。所以,成为世界首富需要辍学。

(18) 比尔·盖茨辍学而成为世界首富。所以,张三辍学能成为世界首富。

(19) 比尔·盖茨辍学而成为世界首富。所以,比尔·盖茨不辍学就不能成为世界首富。

(20) 有些化学药品是毒品。所以,有些毒品是化学药品。

(21) 有些化学药品是毒品。所以,有些化学药品不是毒品。

(22) 有些化学药品是毒品。所以,有些毒品是非化学药品。

(23) 有些化学药品是毒品。所以,有些化学药品不是非毒品。

6.请说出下列命题的等值命题:

(1) 如果要脱离地球的重力,就需要达到第二宇宙速度。

(2) 有些英雄不是烈士。

(3) 有些英雄是烈士。

(4) 通过预赛才能进入决赛。

(5) 人生自古谁无死。

(6) 并非所有教授都学识渊博。

(7) 有些事情如果不试一下,就不知道行不行。

(8) 有些事情即便不试,也知道不行。

（9）有些相声演员就不是乐观主义者。

（10）每天慢跑5千米有益健康。

（11）笑到最后才笑得最好。

（12）至少要进入前20%才可能获得奖学金。

（13）考试作弊的最重处分是开除学籍。

（14）没有人能够改变这个结果。

（15）如果早上7点前不出门，进城就要堵车。

（16）只有符合公布的所有条件，才可能被录用。

7. 以下是一些曾经流行一时的说法，如果要你来证实或证伪，你将如何做？

（1）磁化水能够治疗多种慢性病。

（2）每天早上喝2升温开水可以清除体内的毒素。

（3）特异功能是暂时无法用科学解释的。

（4）大脑的潜力是无限的，连爱因斯坦的大脑也只开发了不到10%。

（5）家电的辐射会导致很多慢性病。

（6）每天早上喝一杯自己的尿有利于健康。

（7）蜂蜜不能和葱一起食用。

（8）晚上不能吃姜，因为"晚上吃姜赛砒霜"。

（9）肥胖不是吃肥肉导致的。

（10）每天喝几杯绿茶可以降低心脏病发病的风险。

（11）某人居然能够说出那个自己从未去过的地方的许多细节，这肯定是前世的记忆。

（12）用塔罗牌可以预测一个人的命运。

（13）人有自愈功能，因此，生病了不用吃药，静静地休息和祷告即可。

（14）梦境具有预测功能。

（15）把这则信息发到10个以上的群，你会得到意想不到的好运。

（16）他之所以得绝症，肯定是前世做了坏事的报应。

（17）星相与人的命运息息相关。

（18）处女座的人是完美主义者。

（19）晚饭只要不吃淀粉类食物就不会发胖。

8. 演绎论证与非演绎论证有什么不同？

9. 什么是可重复性？自然科学和社会科学的可重复性有何异同？请举例说明。

10. 为什么我们要对获得的第二手材料进行验证？

11. 假设你正在对某地区的收入状况进行调查，要从该地区的家庭中选择5%的样本，你如何保证样本的代表性？

12. 矛盾律、排中律与"非此即彼"是不是一回事？为什么？

13. 你对哪一门社会科学（比如政治学、经济学、社会学）比较熟悉，请从事实、逻辑、预测三个方面分析该学科的科学性。

8

批判性思维的方法：演绎论证

推理旨在根据已知内容发现另外一些未知内容。

——查尔斯·皮尔斯（1839—1914，美国哲学家、逻辑学家）

课前思考 ☑ --•

1.如果你手头没有任何证据，你如何去论证一个观点？

2.你知道著名的三段论是什么意思吗？演绎论证就是三段论吗？

3.我们平常说话和写作都是按照三段论的格式吗？

4.什么情况下不同的表述是同一个意思？

5.对于一些很"绕口"的表述，我们怎样将它改写为容易理解的表述？

6.充分条件、必要条件、充分必要条件有什么不同？

7.什么是两难选择？难在哪里？两难选择面对的一定是不好的选项吗？

8.什么是有效论证？什么是可靠论证？

本章导读 ☑ --•

上一章已经介绍了有关逻辑的基本知识，如逻辑公理、命题、论证等。这一章我们就进入传统逻辑里非常重要的一个分支：演绎论证。

演绎论证的基本形式是三段论，但并非所有的由三个命题组成的论证都是三段论。一个严格的三段论需要满足一定的条件。标准的三段论是用于直言论证的，这是由古希腊哲学家亚里士多德最早提出来的，后来又有了假言论证和选言论证。

直言论证、假言论证、选言论证分别涉及事物之间的不同关系，因此，也就采取不同的形式，并遵守不同的逻辑规则。

一个论证是否有效，有效性由什么决定？有效的论证是否可靠，又由什么决定？这些是非常重要的问题。

8.1 演绎论证的基础：三段论

8.1.1 演绎论证与三段论

即便不是学习逻辑学的人，也大抵知道三段论：大前提、小前提、结论。但我们对于三段论有一些误解，认为三段论就是演绎论证，或者倒过来，演绎论证就是三段论。我们有必要了解一下演绎论证与三段论的关系。

演绎论证是从一个大范围到一个不比它更大的范围的论证，其中直接推理就不是三段论。

【例8-1】只有合格的产品才能出厂，所以，所有出厂的产品都是合格的。

两难选择和多难选择也是演绎论证，但由于不只有两个前提，因此也不是三段论。

【例8-2】不搞应试教育吧，担心学生考不上好大学，影响学生前途；搞应试教育吧，担心学生"高分低能"，也影响学生前途。所以，搞不搞应试教育，都可能影响学生前途。

我们在后面还会看到，归纳论证也可以采取三段论的形式。

但演绎论证（主要是直言论证）又确实是以三段论为基础的，接下来我们先介绍标准三段论。

8.1.2 标准三段论

标准三段论是由两个前提和一个结论构成的，即大前提、小前提、结论。

在结论中，一定会有主项S和谓项P，并通过一个关系词（如"是"）连接。要从两个前提中推导出结论，就需要这两个前提有关联，这个关联就是两个前提中都涉及的项，它被称为中间项，也叫中项M（medium term）。

由于大前提阐述的是M和P的关系，所以有些书又把P称为"大项"。类似地，由于小前提阐述的是S和M的关系，故称S为"小项"。

标准三段论的格式是：

大前提：所有（有些）M（不）是P；

小前提：所有（有些）S（不）是M；

结论：所有（有些）S（不）是P。

可见，标准三段论的格式是针对直言命题而言的。

一般来说，大前提是一个已经得到公认的规律或准则，如"所有人都会死"。小前提是某一个属于大前提主项的特定对象，如"张三"。结论则是根据大小前提推导出来的某个断言，如"张三也会死"。于是，我们得到以下三段论：

【例8-3】（1）所有人都会死。

（2）张三是人。

（3）所以，张三也会死。

按照这个格式，我们可以列举出很多三段论的例子。

【例8-4】（1）所有真正的改革都会涉及利益分配机制，因而总会引起一些人的反对。

（2）新上任的王总所推行的就是一次真正意义上的改革。

（3）因此，有人反对王总的改革是正常的。

从上面的例子中，我们会发现：大前提讲的是一个大范围的对象具有某种属性，小前提讲的是这个大范围中的某个对象，从而推导出结论：这个属于大范围的对象，具有大范围所有对象的属性。

在这样的推理中，只要大前提和小前提是正确的，结论就一定是正确的。

【例8-5】（1）所有狗都是哺乳动物。

（2）德国边牧是狗。

（3）所以，德国边牧是哺乳动物。

【例8-6】（1）所有物理学家都是科学家。

（2）爱因斯坦是物理学家。

（3）所以，爱因斯坦是科学家。

在例8-3到例8-6这一组推理中，大前提讲的是一个中等范围的对象，属于一个更大范围；小前提讲的是一个更小范围的对象，属于中等范围；结论则是这个更小范围的对象，肯定属于更大范围。

有时候，当我们玩"文字游戏"时，把大小前提对调，甚至把结论和前提对调，会出现什么情况呢？

【例8-7】猫是哺乳动物。波斯猫是哺乳动物。所以，波斯猫是猫。

这个推理有没有问题？我们发现，两个前提和结论都是正确的。但这不是有效论证，因为大前提讲的是M（猫）和P（哺乳动物）的关系，小前提应该是S（波斯猫）和M（猫）的关系，但这里的小前提则是S（波斯猫）和P（哺乳动物）的关系，而结论恰恰是S（波斯猫）和M（猫）的关系。也就是说，在这个推理里，结论和小前提对调了。

很多人看不出例8-7中的问题，因为前提、结论都是正确的，这就是前面所讲的"信念偏差"谬误。这就需要用到一点"常识"了。

从逻辑的角度看，结论是需要推导出来的，不是事先给定的。一般来说，能够事先给定的都是常识。逻辑的力量就是从常识中推导出一些可以扩展的结论。

在例8-7中，"波斯猫是猫"不需要推导，属于常识，所以，把"波斯猫是猫"作为结论是不合适的。我们把例8-7改写一下：

【例8-7'】猫是哺乳动物。波斯猫是猫。所以，波斯猫是哺乳动物。

再看一个例子：

【例8-8】有喉结的人是男人。李四是男人。所以，李四有喉结。

这同样是无效论证，因为大前提是M（有喉结的人）和P（男人）的关系，小前提应该是S（李四）和M（有喉结的人）的关系，而现在则是S（李四）和P（男人）的关系，而这应该是结论。我们把小前提和结论对调一下：

【例8-8'】有喉结的人是男人。李四有喉结。所以，李四是男人。

再比如：

【例8-9】所有英雄都勇敢。王五勇敢。所以，王五是英雄。

这也是无效论证，理由同上。有效论证应该是：

【例8-9'】所有英雄都勇敢。王五是英雄。所以，王五勇敢。

从对以上推理的分析中可以看出，大前提的大项，其范围是不小于两个前提里的中项的，而中项的范围也是不小于小项的，这样才能保证推理的有效性。这可以用图8-1表示。

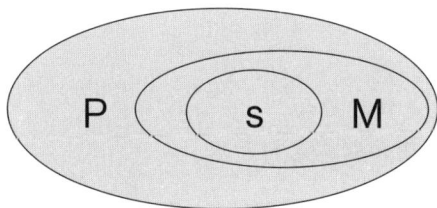

图8-1　三段论的大中小项

请记住，我们在这里用的是"不小于"，而不是"大于"，这就意味着可以"等于"。用数学表达为：S≤M，而M≤P。这样就能够保证S≤P。在以上各例中，S、M、P都是从小到大的。

8.1.3　三段论的特征

从以上介绍可以知道，并不是简单地把三句话放在一起，就是三段论。标准三段论具有以下特征：

（1）三段论有且只有三个判断，有且只有三个不同的概念。如果超过三个判断，或者超过三个不同的概念，就不是标准三段论，哪怕采取的是三段论的形式。

【例8-10】（1）所有学生必须获得规定的学分才能毕业。

（2）李晓芳是学生。

（3）所以，李晓芳必须获得规定的学分才能毕业。

这里有四个不同的概念：李晓芳、获得规定学分的学生、能够毕业的学生、所有学生。获得规定学分是毕业的必要条件，但不是充分条件，因为有的学生虽然获得了规定的学分，但违反了学校的其他规定，也不一定能毕业，因此，这两个概念不是同一的。例8-10不符合标准三段论的要求（思考一下为什么）。

如果不加"获得规定学分"这个限定语，改为：

【例8-10'】（1）我班的学生都毕业了。

（2）李晓芳是我班的学生。

（3）所以，李晓芳也毕业了。

这时就只有三个概念了：李晓芳、我班的学生、毕业的学生。这就符合标准三段论的要求了。

有时看起来只有三个概念，但其中两个概念名称虽然相同，内涵或外延不同，这就犯了"偷换概念"谬误，同样不符合标准三段论的要求。

【例8-11】物质是不灭的。地球是物质。所以，地球是不灭的。

第一个物质是抽象的哲学概念，第二个物质是具体的物理学概念，它们是两个不同的概念，因此，这里也有四个概念，不是标准三段论。由于偷换了概念，得出的结论也是错误的。

（2）三段论的客观基础是函属关系。所谓函属关系，是指从范围大小来看，一个包涵另外一个；从种类来看，一个归属于另外一个。比如，"人"包含"男人"，而"男人"归属于"人"。

正因为有这样的函属关系，才能确保结论的可靠性，如图8-1所示。如果没有这样的函属关系，即便两个前提都正确，也不能保证结论正确。

【例8-12】（1）猫是动物。

（2）狗是动物。

（3）所以，狗是猫。

两个前提都对，之所以结论错误，原因有两点：第一，不符合三段论对大小前提的要求，大前提是M（猫）和P（动物）的关系，小前提应该是S和M（猫）的关系，而不应该是S和P（动物）的关系；第二，狗和猫之间没有函属关系，狗不是猫的一个类别。

所以，严格地说，三段论只与直言论证有关。

当然，选言论证和假言论证也属于演绎论证，在很多书上就叫选言三段论和假言三段论[①]。但它们与直言论证的客观基础不同。直言论证的客观基础是事物的函属关系，选言论证的客观基础是事物的多样性，假言论证的客观基础是事物之间的充足条件联系。因此，选言论证和假言论证虽然也可以采取三段论的形式，但不是严格意义上的三段论。

8.1.4 三段论的省略式

在实际应用中，没有必要这么"死板"，我们可以根据情况，省略其中的一段甚至两段。比如，在例8-3、例8-5、例8-7'中，就可以省略小前提；在例8-6、例8-8'中，可以省略大前提。要注意，在例8-3中，虽然看起来可以省略大前提（因为是常识），但最好不要省略，因为如果省略了，就没有了"语境"，像是咒人了。

其实，不仅可以省略前提，结论也可以省略，因为别人一听就知道是怎么回事了。比如辅导员对学生说：

【例8-13】（1）学校要求所有学生必须学习"批判性思维"这门课。

（2）你是本校学生。

---

① 谷振诣，刘壮虎. 批判性思维教程［M］. 北京：北京大学出版社，2006：第六章.

结论"所以,你也必须学习'批判性思维'这门课"就可以省略了,因为学生一听就明白了。小前提也可以省略,因为对于学生来说,这也属于常识。如果连辅导员这话的意思都不明白,估计学习"批判性思维"这门课也起不了什么作用。

在前面的例子中,像例8-8'、例8-9'、例8-10'等,也可以省略结论。

被省略的部分,无论是大前提、小前提还是结论,肯定是显而易见、无需提及的。如果我们省略掉不该省略的,就会令人不知所云,也就失去了论证的意义。

8.2 直言论证

8.2.1 直言三段论

严格地说,标准三段论是用于直言论证的。直言论证就是由两个直言命题推导出另一个直言命题。前面的两个直言命题是大前提和小前提,后面的一个直言命题就是推导出来的结论。我们在上一节所举的例子,都是直言论证。

直言论证的基础是事物的函属关系,所以只要函属关系正确,论证的有效性和可靠性就能够得到保证。因为既然S是M的一部分,而M又是P的一部分,当然S也是P的一部分。就像沙坪坝区是重庆市的一部分,重庆市又是中国的一部分,沙坪坝区就肯定是中国的一部分。

8.2.2 判断直言三段论的有效性

直言三段论的有效性是指,前提全是真的,结论就一定是真的。但有的时候,前提都是真的,结论可能不是真的;也可能结论是真的,而前提不一定是真的。这样的论证都是无效论证。很多时候,由于文字表达有点"绕",让人难以一下子就明白过来,特别是对于逻辑训练不够的学生来说。在结论是真的情况下,我们更难作出判断。下面介绍一个简单的方法,就是画一个像图8-1那样的关系图[①],其中的关系就很清楚了。

【例8-14】(1)没有共和党人是集体主义者。

(2)所有的社会主义者都是集体主义者。

(3)因此,没有社会主义者是共和党人。

这样的表述的确有点"绕",我们来画一个图,如图8-2所示。

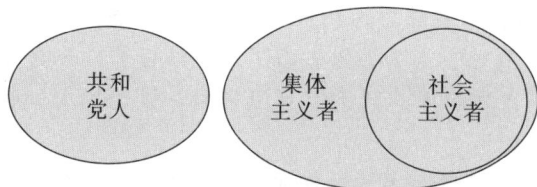

图8-2 例8-14的逻辑关系图

根据大前提,表示共和党人的这个圈与表示集体主义者的这个圈没有交集;而根

---

① 摩尔 B N,帕克 R. 批判性思维 [M]. 朱素梅,译. 北京:机械工业出版社,2020:183.

据小前提，表示社会主义者的这个圈全部在集体主义者这个圈之内。从图8-2不难看出，社会主义者这个圈与共和党人这个圈没有交集。所以，只要例8-14中的两个前提都是真的，那结论就是真的。因此，这个论证是有效的。

【例8-15】（1）所有男人都是人。

（2）所有女人都是人。

（3）所以，所有男人都是女人。

在这里，两个前提都是真的，但结论是假的，属于无效论证，我们用图8-3来表示。

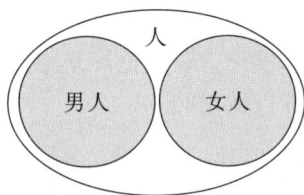

图8-3 例8-15的逻辑关系图

在图8-3中，大圈代表"人"，在大圈中，左边的小圈代表"男人"，右边的小圈代表"女人"。两个小圈都在大圈里（两个前提），但由于两个小圈不重合，甚至不相交，所以不能得出结论。

通过画图这种直观的方式，我们更容易判断论证是否有效。

8.3 假言论证

8.3.1 假言论证的基本格式

"如果……那么……"是假言论证的基本句式。比如，如果水管爆了，那么就会停水。我们把"如果"之后的陈述称为"前件"，用p表示，如该例中的"水管爆了"；而把"那么"之后的陈述称为"后件"，用q表示，如"停水"。这样，我们就可以把假言论证的基本格式表述为：

（1）肯定式

如果p，那么q。

p。

所以，q。

【例8-16】如果水管爆了，那么就会停水。水管爆了。所以，停水了。

（2）否定式

如果p，那么q。

非q。

所以，非p。

上面的例子改写为：

【例8-16'】如果水管爆了，那么就会停水。没有停水。所以，水管没爆。

可见，肯定式是通过肯定"前件"来肯定"后件"，而不能通过肯定"后件"来肯定"前件"；否定式是通过否定"后件"来否定"前件"，而不能通过否定"前件"来否定"后件"。

从以上介绍中不难看出，在基本的假言论证里，虽然看起来采取的是三段论格式，但只涉及p和q两项，因此，不属于标准三段论。

当然，我们也可以说有三个概念，S=水管，P=停水，M=爆破，但这样的话，虽然我们把结论改写为"水管停水"这样含有S和P的句式，但大前提里就有了三个概念，也不符合标准三段论的要求。

因此，假言论证不是标准三段论。假言论证是通过对事物的条件进行限定而推理的，不是通过事物的函属关系进行推理的。

8.3.2　反证法和归谬法

我们学数学时，会使用反证法。所谓反证法，就是假设原命题为假，然后推导出一个不成立的结论，由此证明原命题为真。反证法的依据是前面介绍的排中律，两个相互矛盾的命题中必然有一个为真，也只有一个为真。其格式为：

求证X。

（1）假设非X为真。

（2）如果非X，则Y。

（3）非Y。

（4）所以，X（＝非非X）。

"非非X"就是"否定之否定"。

【例8-17】证明：三角形至少有一个角大于或等于60°。

（1）假设没有一个角大于或等于60°。

（2）三角形只有三个角，那三个角的度数之和就会小于180°。

（3）但三角形的内角之和为180°，与（2）的结论矛盾。

（4）所以，没有一个角大于或等于60°是错误的，也就是说，至少有一个角大于或等于60°。

反证法的一种重要形式是归谬法。归谬法用于反驳对方的观点，所以先假定对方的观点是对的，然后推导出一个明显是错的结论，从而起到驳倒对方的目的。可见，归谬法是反用反证法。其格式为：

反驳X。

（1）假设X为真。

（2）如果X，则Y。

（3）非Y。

（4）所以，非X。

【例8-18】伽利略对亚里士多德"自由落体的速度与物体质量成正比"的反驳。

（1）假设自由落体速度与物体质量成正比。

（2）假设有A和B两个物体，A比B重，A的速度就比B快。现在把A、B两个物体绑在一起，这个物体的速度就应该是A、B两个物体的速度的平均数，因此应该比A的速度小。

（3）但A+B的质量比A大，根据速度与质量成正比的假设，它的速度就应该大于A的速度，这就与（2）的结论矛盾。

（4）因此，"自由落体的速度与物体质量成正比"不真。

8.3.3　错误的假言论证

错误的肯定式：通过肯定"后件"来肯定"前件"。

【例8-19】（1）如果水管爆了，那么就会停水。

（2）停水了。

（3）所以，水管爆了。

错误的否定式：通过否定"前件"来否定"后件"。

【例8-20】（1）如果水管爆了，那么就会停水。

（2）水管没有爆。

（3）所以，不会停水。

这样的例子简单直白，我们容易理解。如果是复杂点的呢？

【例8-21】糖尿病的典型特征是"三多一少"，即多饮、多尿、多食、体重减轻。他最近有"三多一少"的症状，所以，他认为自己得了糖尿病。

这一推理是否可靠呢？这就要回到假设条件，分清楚哪个是"前件"，哪个是"后件"。我们把这个推理按照标准格式表述如下：

【例8-21'】（1）如果得了糖尿病（p），就会"三多一少"（q）。

（2）他"三多一少"（q）。

（3）所以，他得了糖尿病（p）。

显然，这就是"错误的肯定式"，即通过肯定"后件"来肯定"前件"。所以，推理是不可靠的。

患了某种病，会有某些症状，但并不是有了某些症状，就一定患了某种病。比如，感冒了会咳嗽、头晕，但咳嗽不一定感冒了，还可能是呛水了呢，头晕也可能是没有休息好，比如用脑过度。在现实生活中，有些人就得了"疑病症"，老是怀疑自己得了某种病，经常处于焦虑之中，或过度用药，或经常去医院检查，即过度体检。再看一例：

【例8-22】吸烟才可能得肺癌，我又不吸烟，哪里需要去检查。

这个推理是否可靠呢？我们把它分解为标准的否定式。

【例8-22'】（1）如果吸烟（p），那么可能得肺癌（q）。

（2）我不吸烟（非p）。

（3）所以，我不可能得肺癌（不需要去检查）（非q）。

显然，这是"错误的否定式"，即通过否定"前件"来否定"后件"，所以，这个推理是不可靠的。有这种心态的人，与得了"疑病症"的人正好相反，即便有了症状，也不在意，结果一直拖延，直到小病变成大病。

8.3.4　必要条件假言论证

上面所讲的"错误的假言论证"是针对充分条件假言论证的，即"前件"成立，则"后件"一定成立。而必要条件假言论证的句式是："只有……才……"

【例8-23】只有从头到尾读完《国富论》，才能对该书作出全面评价。

在必要条件假言论证中，"前件"成立，"后件"不一定成立。读完《国富论》的人，也不一定能够写出评论，因为他读书的目的不是写评论。"能够写出全面评论的人，一定是从头到尾读完《国富论》的"，这是可靠的肯定式。"没有从头到尾读完《国富论》的人，不可能写出全面的评论"，这是可靠的否定式。可惜的是，现在很多写评论的人，并没有认真读完作品，就开始下笔了，结果经常被人指出错漏。

从这个例子我们能够看出，必要条件假言论证的肯定式和否定式是：

（1）肯定式

只有p，才q。

q。

所以，p。

（2）否定式：

只有p，才q。

非p。

所以，非q。

【例8-24】（1）肯定式

只有获得博士学位，才能进大学当教师。

张三在大学当教师。

所以，张三获得了博士学位。

（2）否定式

只有获得博士学位，才能进大学当教师。

张三没有获得博士学位。

所以，张三没有在大学当教师。

这是个看似有问题的论证，因为如果有重要成果，没有博士学位也能当大学教师。但上述论证是有效的，因为只要前提成立，结论就成立。需要注意，这是必要条件假言论证，其肯定式和否定式与前面所讲的基本格式是不一样的。肯定式是通过肯定"后件"来肯定"前件"，而否定式是通过否定"前件"来否定"后件"。在基本格式里，肯定式是通过肯定"前件"来肯定"后件"，否定式则是通过否定"后件"来否定"前件"。

我们来看充分条件假言论证和充分必要条件假言论证的肯定式和否定式是怎

样的。

【例8-25】（1）肯定式

只要得了第一，他爸妈就会奖励他。

他得了第一。

所以，他爸妈奖励了他。

（2）否定式

只要得了第一，他爸妈就会奖励他。

他爸妈没有奖励他。

所以，他没有得第一。

否定式能不能是这样的呢？

否定式'

只要得了第一，他爸妈就会奖励他。

他没有得第一。

所以，他爸妈没有奖励他。

这取决于他爸妈对他的奖励是不是只有考试成绩一项。如果不是，他即便没有得第一，而是在助人为乐等方面做得不错，他爸妈也会给他奖励。如果只有在考试成绩获得第一时才奖励，那就演变为：

【例8-26】肯定式1

当且仅当得了第一，他爸妈才会奖励他。

他得了第一。

所以，他爸妈奖励了他。

肯定式2

当且仅当得了第一，他爸妈才会奖励他。

他爸妈奖励了他。

所以，他肯定得了第一。

否定式1

当且仅当得了第一，他爸妈才会奖励他。

他没有得第一。

所以，他爸妈没有奖励他。

否定式2

当且仅当得了第一，他爸妈才会奖励他。

他爸妈没有奖励了他。

所以，他肯定没有得第一。

例8-25是充分条件假言论证，其肯定式和否定式与前面讲的假言论证的基本格式是一样的。例8-26是充分必要条件假言论证，两个肯定式和两个否定式都是成立的。

我们可以总结如下（见表8-1）：

表 8-1 假言论证的肯定式和否定式

项目	命题	肯定式	否定式
基本格式	如果 p，那么 q	p，所以 q	非 q，所以非 p
充分条件	如果 p，那么 q	p，所以 q	非 q，所以非 p
必要条件	如果 p，那么 q	q，所以 p	非 p，所以非 q
充要条件	如果 p，那么 q	p，所以 q；q，所以 p	非 p，所以非 q；非 q，所以非 p

我们要注意看假言命题是充分条件的、必要条件的，还是充分必要条件的；否则，就容易影响推理的可靠性，得出不可靠的结论。

8.4 选言论证

8.4.1 选言论证的基本格式

选言论证是由选言命题推导出的论证，其基本格式有两种，分别是：

（1）肯定式：

p 或者 q。

p。

所以非 q。

比如，他是英国人或法国人。他是英国人。所以，他不是法国人。

（2）否定式

p 或者 q。

非 p。

所以 q。

上例可以变为：他是英国人或法国人。他不是英国人。所以，他是法国人。这就是我们做选择题常用的排除法。

前面讲过，并非所有选言命题都是"二选一"，可以是"多选一"，也可以是"多选多"。A 或 B 或 C，非 A 非 B，故 C。

比如，张三大学毕业时，有三个单位都同意聘用他。A 单位在大城市，收入比较高，但工作很辛苦，而且大城市的房价高。B 单位虽然也在大城市，但收入相对较低，工作也相对轻松。C 单位在县城，收入虽然不算高，但工作轻松，而且在县城里靠这样的收入，日子能过得很不错。最后，张三选择去 A 单位，理由是自己年轻，吃点苦不算什么，而且还能锻炼自己的能力，大城市的机会也更多。

我们把以上这段话变为选言论证：

【例 8-27】（1）张三或者去 A 单位工作，或者去 B、C 中的任何一个单位工作。

（2）张三去 A 单位工作。

（3）所以，张三不去B、C中的任何一个单位工作。

与假言论证一样，选言论证虽然看起来像三段论，但并非标准三段论，因为选言论证的基础是事物的多样性（如上面的国籍、工作单位），而不是范围的函属关系。选言论证的可靠性取决于结论中的主项是否涵括在前提中的各个选项之中，否则结论就不可靠。

【例8-28】（1）他要么是国民党，要么是共产党。

（2）他不是国民党。

（3）所以，他是共产党。

在国民党统治时期，这是一种诬陷他人的"行之有效"的强盗逻辑，可以置人于死地。但这种推理的结论是不可靠的，因为除了国民党和共产党，还有其他党派，还可能什么党派也没有加入，结论中的主项可能没有涵括在前提中的两个选项里。这就像我们在做选择题时，如果题出错了，正确答案没有在选项里，无论你选择哪个选项，都是错误的。

8.4.2　相容选言论证

如果p和q同时存在，就是相容选言命题。比如，他或者会吹笛子，或者会吹唢呐。

如果这个前提是对的，我们可以从一个为假推导出另一个为真。他不会吹笛子，就肯定会吹唢呐；或者，他不会吹唢呐，就一定会吹笛子。也就是说，p和q中，如果一个为假，则另一个一定为真。

但是，如果一个为真，不一定能证明另一个为假。因为他可能既会吹笛子，也会吹唢呐，甚至还会吹萨克斯、葫芦丝、口琴等众多吹奏乐器。他可能还会拉小提琴、二胡、板胡、马头琴等弦乐器，甚至还会弹钢琴、手风琴、电子琴等键盘乐器。

在现实生活中，相容选言命题占多数，这是由事物的多样性所决定的。亚里士多德是哲学家、伦理学家、心理学家、神学家、修辞学家、逻辑学家、美学家、物理学家、生物学家、教育家，还写过《诗艺》这样的文艺著作；达·芬奇是画家、数学家、物理学家、天文学家、建筑学家、发明家；鲁迅是文学家、思想家、革命家……即便到了学科分化的今天，还是有很多人在多个领域有突出贡献。因此，我们在前面把"非此即彼"归为常见思维谬误之一。

8.4.3　不相容选言论证

我们在上一章讲到，选言命题有相容和不相容两种情况。"非此即彼"就是不相容选言命题，也就是说，p和q只有一个是真的。p如果真，则q假；p如果假，则q真。反过来也一样，q如果真，则p假；q如果假，则p真。

比如，他的血型要么是A型，要么是O型。这就是一个不相容选言命题，因为一个人的血型不可能既是A型又是O型。因此，只要这个前提为真（即他不会是B型、AB型等血型），那么，他的血型如果是A型，就不是O型，如果不是A型，就一定是

O 型；如果是 O 型，就不是 A 型，如果不是 O 型，就一定是 A 型。

这就像我们做判断题，一个命题要么是对的，要么是错的，不可能既错又对。或者像做单项选择题，只不过这时我们把正确的选项作为 p 或者 q，而把错误的（n-1）个选项一并作为 q 或者 p。甚至像做多项选择题，我们把正确的几个选项一并作为 p 或者 q，而把错误的其他选项一并作为 q 或者 p，这里的"错误选项"可以是 0 到 n。

8.4.4　两难选择

一谈到不相容，我们就会想到两难选择。比如，要么出卖朋友，保全自己；要么牺牲自己，保护朋友。这确实是一个两难选择，因为无论选择什么，结局都不是自己所希望的。当然，这种情况只在极端条件下才会遇到，我们平时大可不必为此伤脑筋。在我们的人生中，经常会遇到各种两难选择，虽然不会像上面那个那么为难。比如在以下情境：

选择专业：不少学生本来喜欢 A 专业，但家长和老师说 A 专业不仅没有 B 专业那么好就业，而且收入也没有 B 专业那么高。

择偶：A 外貌强过 B，但 B 的经济状况比 A 好。这就是成语"东食西宿"的由来。

选择单位：A 单位收入高，但考核严格，而且不是"铁饭碗"；B 单位是"铁饭碗"，考核也不严格，但收入低。

这些两难选择其实就是我们所面临的取舍或决策问题，这时候需要清楚自己的目标是什么，自己的约束条件是什么。有些选择还与伦理道德、法律法规有关。这些两难选择，就不是通过学习逻辑学能够解决的了。有些两难选择，是短期内不好解决的。

【例 8-29】农产品如果丰收，供大于求，价格就会下跌，结果是"谷贱伤农"；如果歉收，价格虽然上去了，但产量低，农民的收入同样上不去。

很多国家的政府采取"保护价格"，试图解决这个问题，实际上，最终还得靠市场。若农产品供大于求，农民就要减少种植量，以减少供给，从而使价格上升。但有了"保护价格"后，农民就不会去适应市场了，反正政府会以"保护价格"收购，这个问题就长期存在。

需要注意的是，不是只有在两个（多个）不好的选项中选择，才叫两难（多难）选择。很多时候，我们遇到的是在两个（多个）很好的选项中做选择，由于这些选项难分伯仲，我们也会陷入选择的"艰难"之境。你越优秀，你遇到的两难（多难）选择选项就越好。所谓"难"，主要是选择之难，而不是选项之难。

8.4.5　判断选言论证的可靠性

选言论证最容易出现"非此即彼"的思维谬误，因此，我们要对选言论证的前提进行判断，以确定选言论证的可靠性。

（1）是不是真的只有前提中所列的几个选项。换句话说，除了前提中所列的两种或几种选择外，还有没有其他的选择，这叫选项的完备性。有一种营销方法，就是只给你提供两种选择，而这两种选择都是价格昂贵的。比如，你感冒了，到药房买药，售货员拿出最贵的也是利润最高的两种感冒药，一般来说，你会从中选择一种，或两种都买，很少有人问"还有其他的药吗"，这就中了售货员的"圈套"。

在有些人眼里，生活只有两种状态，要么"好到极致"，要么"糟糕透顶"。这样的人往往生活在痛苦之中，因为"好到极致"很少，自然就常常"糟糕透顶"了。真实的生活既不可能"好到极致"，也不可能"糟糕透顶"，而是处于这两个极端之间的无数种可能状况。

有一个很有名的论断：敌人的朋友就是我们的敌人，而敌人的敌人就是我们的朋友。这也是简单的"非此即彼"推断。19世纪末，中日、日俄、中俄都是敌对关系，不存在"敌人的敌人就是我们的朋友"这样的逻辑。在国际关系中，正如英国前首相温斯顿·丘吉尔所说，既没有永久的朋友，也没有永久的敌人，只有永久的利益。在现实中，一个人完全可以成为两个敌对的人的朋友，还可能通过这个人化解另外两个人的敌对关系。

（2）前提中所列的选项的真实性如何。如果前提中有一个选项不真实，结论也就不可靠了。

【例8-30】他参加了今年的注册会计师考试，要么一次性通过所有课程考试而取得资格，要么就不能取得资格。

在这里，前提中的"一次性通过所有课程考试而取得资格"就是不真实的，因为按照规定，参加注册会计师考试在五年内通过所有科目即可，不是要在一年内全部通过。

有时候，有的人会利用他人对某一领域的"无知"，用不真实的前提来欺骗或威胁他们。

【例8-31】你是哪个单位的？在我们单位到处闲逛，违反了我们的规定，要么罚款，要么把你交给警察，你自己选择。

一个单位的规定只对本单位的员工有效，而且也没有人会因为"到处闲逛"就被罚款或被扭送到公安机关。前提中的选项都是不真实的。

（3）前提中所列的选项是不是排斥的。第一种情况，如果把相容选言论证当成不相容选言论证，结论就不可靠了。

【例8-32】他是民主党派或中共党员，他是民主党派，所以他不是中共党员。

其实，先加入民主党派的，后来可以成为中共党员（先加入中国共产党的，就不能再加入民主党派了），而且不需要退出民主党派，因此，民主党派和中共党员有时是相容的。所以，这个推理就不一定可靠。

第二种情况，两个选项本身就是一样的，那推理就肯定不可靠了。电视连续剧《铁齿铜牙纪晓岚》里有一个细节，纪晓岚想往南走，去救洪御史。为了确保能够往南走，他花钱请了一个算命先生抓阄，准备了两个纸团，一个写着"南"，一个写着"北"，抓到哪个就往哪个方向走。由于事先做了假，两个纸团写的都是"南"，无论抓到哪个纸团，都得往南走。乾隆跟和珅虽然心里犯嘀咕，但没想到这个"选择"其实不是选择，就中了纪晓岚的计。

有时我们会开玩笑说：你是要发财呢，还是要致富呢？发财和致富是同义语。"你要么保持沉默，要么闭嘴！"沉默和闭嘴也是两个相同的选项。

8.5 演绎论证的有效性和可靠性

无论多么"高明"的论证，如果推理出来的结论是错误的，就失去了推理的意义。逻辑学用两个标准来衡量推理的正确性，分别是论证的有效性和可靠性，也叫效度和信度。

8.5.1 有效论证和无效论证

我们先看什么是有效性或效度。有效论证是指，如果前提真，那么，结论必然真。前面我们介绍的大部分论证都是有效论证。请看下面这个论证是不是有效论证：

【例8-33】（1）中国人都有黑头发、黑眼睛、黄皮肤。

（2）比尔是中国人。

（3）所以，比尔有黑头发、黑眼睛、黄皮肤。

事实上，比尔是金色头发、蓝色眼睛、白色皮肤。在这个推理中，结论虽然错了，但论证是有效的。结论之所以错，不是因为论证无效，而是因为前提有错。"中国人"到底是以国籍来界定，还是以血统来界定？从小前提来看，是以国籍来界定的。如果这样，具有中国国籍的人中，就不是都有黑头发、黑眼睛、黄皮肤。我们有56个民族，还有一些其他国家的人加入了中国国籍，即便是汉族人，老年人的头发也不一定是黑色的；一些年轻人还把头发染成黄色、红色甚至白色。因此，黑头发、黑眼睛、黄皮肤不是以国籍界定的"中国人"的标志。大前提错了，这才导致了结论的错误。

即便前提都是真的，结论也不必然是真的，这就是无效论证。

【例8-34】（1）北京是中国的首都。

（2）成都是四川的省会。

（3）所以，成都是北京的省会。

这里的两个前提都是正确的，但结论是错误的。这是因为大前提和小前提没有一个共同的中项M，连接不了结论中的两项之间的关系。再比如：

【例8-35】（1）张家庄的人绝大多数姓张。

（2）他是张家庄人。

（3）所以，他也姓张。

大前提和小前提都正确，但结论不一定正确，也许他不姓张，而姓李。这是因为大前提不是全称肯定命题（A命题），而是特称肯定命题（I命题，"绝大多数"也只是"一部分"，而不是"全部"），所以，即便主项S（他）包含在中项M（张家庄人）中，也不一定就包含在谓项P（姓张的人）中。

即便他真的姓张，结论对了，这个论证同样不是有效的，因为不能保证他一定姓张，而演绎论证的结论是必然性的。其实，例8-35应该归于后面的非演绎论证。

需要注意的是，即便大小前提和结论都是正确的，也不能说论证就是有效的，我们以前面的谬误4-7"信念偏差"中的例4-28为例。

【例8-36】（1）所有狗都是动物。

（2）藏獒是动物。

（3）所以，藏獒是狗。

前提和结论都是对的，但论证不是有效的。因为根据规则，大前提说的是中项M（狗）和大项P（动物）的关系，小前提说的应该是小项S（藏獒）和中项M（狗）的关系，现在则是小项S（藏獒）和大项P（动物）的关系，这本来应该是结论说的事。也就是说，在这里，小前提和结论对调了。所以，在这个例子里，大小前提和结论都是正确的，但不是有效论证。

有效性衡量的是推理过程本身。论证的有效性不等于论证的可靠性。

8.5.2　论证的可靠性

论证要可靠，除了论证的有效性外，还需要所有前提为真。也就是说，可靠论证是前提全部为真的有效论证。

不可靠论证有以下三种情况：

（1）有效但至少有一个前提假。

【例8-37】（1）所有书都是有益的。

（2）《战争与和平》是书。

（3）所以，《战争与和平》是有益的。

这个论证是有效的，但大前提是错误的，因为无益甚至有害的书也不少，所以不是可靠论证，虽然结论是正确的。

【例8-38】（1）所有鸟都是动物。

（2）所有猫都是鸟。

（3）所以，所有猫都是动物。

这个推理是有效的，但小前提是错误的，所以是不可靠论证，虽然结论是正确的。这再次告诉我们，不能以结论的真假来判断论证的可靠性，甚至不能判断论证的有效性。

（2）无效且所有前提假。

【例8-39】（1）人会说话。

（2）鹦鹉会说话。

（3）所以，鹦鹉是人。

首先，失语者就不会说话，所以大前提错误；其次，鹦鹉学舌，那不叫说话，所以小前提错误。当然结论也错误，而且论证是无效的。

（3）无效并且至少一个前提假。

【例8-40】（1）所有鸟都是动物。

（2）所有树都是动物。

（3）所以，所有树都是鸟。

论证不仅无效，小前提也是错误的，当然结论还是错误的。

【例8-41】（1）所有鸟都能飞翔。

（2）鸵鸟是鸟。

（3）所以，鸵鸟能飞翔。

【例8-42】（1）《哈姆雷特》是莎士比亚写的。

（2）莎士比亚是俄国人。

（3）所以，《哈姆雷特》是俄国文学作品。

这些推理就是无效且有一个前提是错误的，因而属于不可靠论证，推导出来的结论也是不可靠的。

我们用图8-4来表示论证的有效性和可靠性，这样更加简单明了。

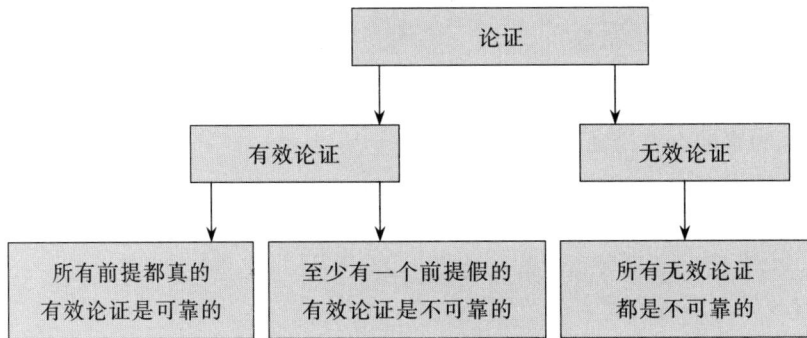

```
                          ┌──────────┐
                          │   论证    │
                          └──────────┘
            ┌────────────────┘            └────────────┐
      ┌──────────┐                              ┌──────────┐
      │  有效论证  │                              │  无效论证  │
      └──────────┘                              └──────────┘
      ┌───┘        └────────┐                        └──────┐
┌──────────────┐  ┌──────────────┐            ┌──────────────┐
│ 所有前提都真的  │  │ 至少有一个前提假的│            │ 所有无效论证   │
│ 有效论证是可靠的│  │ 有效论证是不可靠的│            │ 都是不可靠的   │
└──────────────┘  └──────────────┘            └──────────────┘
```

图8-4　有效论证与可靠论证

本章小结 ✔ --●

1.演绎论证不等于三段论，三段论也不等于演绎论证。

2.三段论是由大前提、小前提、结论构成的。基本格式采用直言命题，结论是主项S和谓项P的关系；大前提中必有谓项P，故又称P为大项；小前提中必有主项S，故又称S为小项；大小前提共有的项M是中间项，或称中项。

3.标准三段论：（1）有且只有三个判断，有且只有三个概念；（2）S、M、P要有函属关系。

4.在日常生活中，人们根据语境，可省略三段论中的一段甚至两段；省略的既可以是前提，也可以是结论。

5.一个复杂的论证可以分解为多个三段论。

6.有效的直言论证是：前提真，则结论一定真。无效的直言论证是：前提真，结论不一定真；或前提不一定真，而结论真。

7.假言论证是表示事物的条件关系的。肯定式通过肯定"前件"来肯定"后件"，否定式则通过否定"后件"来否定"前件"。如果通过肯定"后件"来肯定"前件"，或通过否定"前件"来否定"后件"，则是错误的假言论证。

8.反证法通过论证与原命题相矛盾的命题为假，从而证明原命题为真。归谬法通过假定原命题为真，然后推出结论为假，以否定原命题。

9.必要条件假言论证的肯定式，通过肯定"后件"来肯定"前件"，否定式通过否定"前件"来否定"后件"。充分必要条件假言论证，既可以通过肯定或否定"前件"来肯定或否定"后件"，也可以通过肯定或否定"后件"来肯定或否定"前件"。

10.选言论证的基础是事物的多样性，分相容和不相容两种。相容选言命题，从一个选项为假可以推出另一个选项为真，但不能从一个选项为真推出另一个选项为假。不相容选言命题，一个为真，另一个必假，反之亦然。

11.两难（多难）选择，是指无论选择哪个选项，都不是自己所希望的结果。两难（多难）选择所面对的不只是不好的选项，也包括好的选项。

12.选言论证的可靠性取决于选项是否完备、是否都真、是否排斥。

13.所有前提为真的有效论证是可靠的，至少有一个前提为假的有效论证以及所有的无效论证都是不可靠的。

进一步阅读 ✔️ --●

[1] 柯匹 O M，科恩 K. 逻辑学导论 [M]. 张建军，潘天群，顿新国，译. 北京：中国人民大学出版社，2007：第5、6、7、9章.

[2] 谷振诣，刘壮虎. 批判性思维教程 [M]. 北京：北京大学出版社，2006：第六章.

[3] 摩尔 B N，帕克 R. 批判性思维 [M]. 朱素梅，译. 北京：机械工业出版社，2020：第9、10章.

[4] 雷曼 S. 逻辑的力量 [M]. 杨武金，译. 北京：中国人民大学出版社，2010：第6、9章.

[5] 金岳霖. 逻辑 [M]. 北京：北京理工大学出版社，2019：第一、二、三章.

[6] 巴沙姆 G，欧文 W，纳尔多内 H，等. 批判性思维 [M]. 舒静，译. 北京：外语教学与研究出版社，2019：第9、10章.

思考题 ✔️ --●

1.以下陈述是不是标准三段论？如果不是，请将其改写为标准三段论。

（1）并非所有作家都读过大学。高尔基、马克·吐温是作家。高尔基、马克·吐温就没有读过大学。

（2）别惹他，他输球了。他每次输球后都爱发脾气。

（3）有些歌唱演员不会跳舞。所有喜爱音乐的人都会跳舞。所以，有些歌唱演员不喜爱音乐。

（4）张三考试没有作弊。所以，张三是靠自己完成考试的。

（5）爬行动物是冷血动物。所以，蛇是冷血动物。

（6）有些企业家是慈善家。所以，有些企业家是利他主义者。

（7）猫科动物都是食肉动物。所以，老虎是食肉动物。

（8）没有人不经过努力就成功。所以，李四一定是经过努力才成功的。

（9）没有大学教授的智商低于70。所以，大学教授都不是低智商者。

2.以下推理是否错误？如果是，请指出错在哪里。

（1）所有狗是动物。所有猫是动物。所以，所有狗是猫。

（2）如果玛丽是妻子，则玛丽是女人。但玛丽不是妻子。所以，玛丽不是女人。

（3）比尔喜欢女人。玛丽是女人。所以，比尔喜欢玛丽。

（4）有些中国人是男人。王芳是中国人。所以，王芳是男人。

（5）阿文喜欢阿丽。阿丽喜欢阿刚。所以，阿文喜欢阿刚。

（6）没有人能够读完所有的书，所以，我没有必要读书。

（7）我们两个人的答案不一致。如果你的不对，那我的就对了。

（8）所有懦弱者都不敢斗牛。有些愚蠢的人敢斗牛。所以，有些愚蠢的人是懦弱者。

（9）所有坏脾气的人都是悲观主义者。所有悲观主义者都是愤世嫉俗的人。因此，有些愤世嫉俗的人是坏脾气的人。

（10）没有一位诺奖得主是爵士乐歌手。有些物理学家是诺奖得主。所以，有些物理学家不是爵士乐歌手。

（11）很多经济学家主张人是自私的。有些政治学家主张人是自私的。所以，有些政治学家是经济学家。

（12）很多神秘主义者相信前世今生。很多星相术士是神秘主义者。所以，很多星相术士相信前世今生。

（13）张三的高等数学和英语并不是都没有及格。张三的高等数学及格了。所以，张三的英语没有及格。

（14）张三的高等数学和英语并不是都没有及格。张三的高等数学及格了。所以，张三的英语也及格了。

（15）大学一二年级要学的都是基础课。三四年级才学专业课。所以，并非每个年级都要学习专业课。

（16）并非专业成绩好就能找到好工作。并非外表漂亮就能找到好工作。所以，只有外表漂亮且专业成绩好才能找到好工作。

（17）他要么是数学家，要么是物理学家。他是数学家。所以，他不是物理学家。

（18）他要么是数学家，要么是物理学家。他不是数学家。所以，他是物理学家。

（19）他这次考试要么通过，要么不及格。他通过了。所以，他没有不及格。

（20）如果听到楼上卫生间的下水管有流水声，那是楼上的邻居洗澡。没有听到流水声。所以，楼上的邻居没有洗澡。

（21）如果气球里有氦气，气球就会飘起来。气球没有飘起来。所以，气球里没有氦气。

（22）只要明天不下雨，我们就去登山。下雨了。所以我们没去登山。

（23）只要明天不下雨，我们就去登山。我们没去登山。所以下雨了。

（24）只有物理学基础好的人才能理解爱因斯坦的相对论。张三能够理解相对论。所以，张三的物理学基础好。

（25）只有物理学基础好的人才能理解爱因斯坦的相对论。张三的物理学基础好。所以，张三能够理解相对论。

（26）只有物理学基础好的人才能理解爱因斯坦的相对论。张三不能理解相对论。所以，张三的物理学基础不好。

（27）只有物理学基础好的人才能理解爱因斯坦的相对论。张三的物理学基础不好。所以，张三不能理解相对论。

（28）"清明时节雨纷纷"，每年清明节前后都要下雨。今年清明节前没有下雨。所以，清明节或节后一定下雨。

（29）投资蓝筹股能够带来稳定的收益。他投资蓝筹股。所以，他会有稳定的收益。

（30）投资蓝筹股能够带来稳定的收益。他没有投资蓝筹股。所以，他不会有稳定的收益。

（31）投资蓝筹股能够带来稳定的收益。他有稳定的收益。所以，他投资了蓝筹股。

（32）投资蓝筹股能够带来稳定的收益。他没有稳定的收益。所以，他没有投资蓝筹股。

（33）有的物理学家是哲学家。有的数学家是物理学家。所以，有的哲学家是数学家。

（34）并非所有大学教授都有博士学位。并非所有获得博士学位的人都有高智商。所以，并非所有大学教授都有高智商。

（35）柏拉图是古希腊哲学家。亚里士多德是柏拉图的学生。所以，亚里士多德也是古希腊哲学家。

3.如何保证推理的有效性和可靠性？

4.请从自己的亲身经历中列出几个两难选择，并分享你是如何面对这些两难选择的。

9

批判性思维方法：非演绎论证

> 仅仅因为某件事在某种情况下出现在另一件事之前，就认为前者是因，后者是果，这是不理性的做法。
>
> ——大卫·休谟（1711—1776，英国哲学家）

课前思考 ✓

1.人类是如何发现各种科学规律的？

2.如果有人向你列举某人三种以上不良行为，你会怎么看待某人？

3.演绎论证的特征是必然地证明结论，那你认为非演绎论证的特征是什么？

4.你认为什么是"好论证"，什么是"坏论证"？

5.你认为"不能证明有罪，就是无罪"和"不能证明无罪，就是有罪"何者更合理？

6.你认为"非禁即入"和"准入"何者更有利于经济社会的发展？

7.你觉得"明年我国的经济增长率为6.8%"这样的预测科学吗？

8.当你听到某项指标增长了60%时，你有什么感觉？

9.如果要你验证"情商比智商更重要"之类断言的真假，你将如何验证？

10.如果让你去调查大学生的课外阅读状况，你是不是从身边的同学入手进行调查？因为这样最容易。但这样的调查结果可靠吗？

本章导读 ✓

上一章我们介绍了演绎论证，本章介绍非演绎论证。生活在现代的我们很幸运，因为很多科学规律不需要我们去发现，我们可以通过学校教育和阅读而获得。但我们的祖先在没有发现这些规律之前，是需要通过大量的观察和实验来总结的，这就是归纳论证。

当我们面对非专业人士时，就没有必要讲太专业的东西，因为这会影响传播的效果。我们常常采取比喻、举例、类比这样的方法，其实是很管用的。

但是，有数据支撑的论证更具可靠性和说服力，这时，统计工具就会帮我们的大忙。如果能像人口普查那样，对总体进行调查，那当然最好，但那样费时、费力、费钱。因此，抽样调查就是退而求其次的方法。

无论采取什么方法，最终的目的是找到因果关系。所有的非演绎论证都只能让我们找到事物之间的关系，因果关系则需要在此基础上，得到理论的解释。

9.1 非演绎论证

9.1.1 证明结论与支持结论

很多书把论证分为演绎论证和非演绎论证。两者都是从前提推导出结论。不同的是，演绎论证是证明结论，非演绎论证不证明结论，而是支持结论。

案件侦破过程就是既要应用演绎论证，又要应用非演绎论证的综合性推理过程。比如，某家的财产被盗，他怀疑是邻居偷的，对警察说了以下证据：（1）邻居曾经偷盗；（2）邻居家很穷，难免不"饥寒起盗心"；（3）邻居前不久来借过钱，他没有借，所以邻居就怀恨在心；（4）邻居曾对人说过"如果有他们家财产的十分之一，也就心满意足了"这样的话，某人可以作证；（5）失窃的那天，他不在家，而他从外面回来时，看到邻居在家，有作案时间。

以上五条证据能够证明东西是邻居偷的吗？不能。这些证据只能起到支持作用。起支持作用的前提再多，也不能证明结论。上述五条证据中，没有一条是能够推出必然结论的。

需要注意的是，有些证据虽然不能证明"是什么"，但能够证明"不是什么"，比如作案时间。有作案时间的人不一定是嫌疑人，但如果没有作案时间，比如案发时嫌疑人根本不在本地，那就可以证明他没有犯罪。在这里，我们所用的不是非演绎论证，而是演绎论证。

【例9-1】（1）嫌疑人必须有作案时间。

（2）邻居没有作案时间。

（3）所以，邻居不是嫌疑人。

相反，下面的推理虽然也是演绎论证，但不是有效的论证，所以，其结论就不一定是正确的：

【例9-2】（1）嫌疑人必须有作案时间。

（2）邻居有作案时间。

（3）所以，邻居是嫌疑人。

为什么例9-1是有效论证，而例9-2是无效论证呢？因为从范围大小来看，作案时间是大范围，嫌疑人是中等范围，而邻居是小范围。在例9-1中，由于邻居不在大范围内，自然也就不在中等范围内，所以论证是有效的；但在例9-2中，邻居虽然在大范围内，但有可能不在中等范围内，所以论证不是有效的。我们用图9-1来表示，一下子就清楚了。

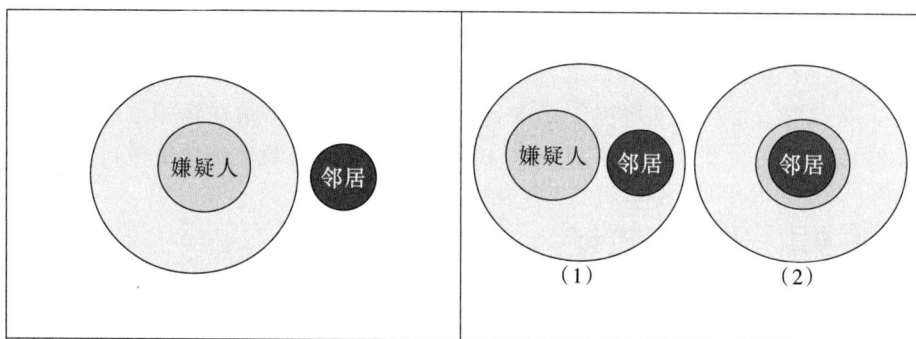

图 9-1　嫌疑人与作案时间

在图 9-1 中，最大的圆表示作案时间，中等的圆表示嫌疑人，小的圆表示邻居。在左边的图里，由于邻居没有作案时间，在最大的圆之外，与中等的圆没有相交的可能，所以不可能是嫌疑人，这是一个必然的结论。而在右边的图里，邻居有作案时间，在最大的圆之内，但这有两种可能：（1）与中等的圆没有相交，即不是嫌疑人；（2）与中等的圆相交，是嫌疑人。因此，不能给出必然的结论。

作案动机也常常被用来作为证据，但是否有作案动机，也只能起到支持作用而已，与是否真的作案没有必然关系，有作案动机的人不一定作案。作案动机与作案时间不同，作案时间是完全客观的，而作案动机则在很大程度上是主观的，甚至是别人分析时强加的。有没有作案动机，只有当事人自己最清楚。现实中确实有些案件是没有明显的作案动机的。

9.1.2　支持力度

非演绎论证的前提为结论提供了支持，但不同的前提，所提供的支持力度是不一样的。我们还是以上面的失窃为例，如果找到以下证据，虽然还是不能证明结论，同样只能支持结论，但支持力度就更大了，论证的可靠性也更强了：

（1）在邻居家搜出了赃物，确实是他家的；

（2）作案现场留下的指纹与邻居的指纹一致。

俗话说"捉贼捉赃"，能够查出赃物，当然是有很强的支持力度的。邻居可以否认东西不是他偷的，但不能否认赃物在他家里。指纹是具有唯一性的，是破案中的重要证据。

即便是这样的证据，还是不能证明"东西一定是邻居偷的"这个结论。这是因为：（1）存在栽赃的可能性，影视剧里常有这样的剧情；（2）指纹虽然是唯一的，但也许是邻居此前留下的，或者是邻居虽然进了屋，但并没有偷走东西，而是另外的人偷走的，而且没有留下指纹。

支持力度强的论证是"好论证"，支持力度弱的论证则是"坏论证"。我们在"批判性思维的方法：概论"那章里，用百分比衡量过非演绎论证的强弱。

9.1.3　不能证明有罪，就是无罪

在法庭判决中，如果不能证明被告有罪，法庭就要判被告无罪。这与"不能证明无罪，就是有罪"有何不同呢？

我们举一个简单的例子。比如，某栋居民楼里发生了一起凶杀案，这栋楼里的所有人都有嫌疑。如果采取"不能证明无罪，就是有罪"的判案法则，那么，可能很多人都无法证明自己无罪，那就要被判为"有罪"。事实上，真正的犯罪嫌疑人可能根本不在这些居民里。这样做会造成很多冤案，而且可能漏掉真正的凶手。

如果采取的是"不能证明有罪，就是无罪"的判案法则，那么，虽然可能漏掉真正的凶手，但不会冤枉好人。

两相比较，同样都可能漏掉真正的凶手，但一个会造成很多冤案，一个不会，你会选择哪一个呢？

从举证责任来说，谁起诉谁举证，举证责任在原告而不在被告，所以，需要原告证明被告有罪，被告没有义务证明自己无罪。"不能证明有罪，就是无罪"的判案法则，是司法史上的一大进步。

这两种不同的判案法则采用的是不同的演绎论证。

【例9-3】（1）要么有罪，要么无罪。

（2）不能证明有罪。

（3）那么，就是无罪。

【例9-4】（1）要么有罪，要么无罪。

（2）不能证明无罪。

（3）那么，就是有罪。

例9-3和例9-4都是上一章讲到的选言论证，而且是不相容选言论证，因为不可能既有罪又无罪。因此，从理论上说，两种推理都是有效的。

说到这里，有必要说一下我们现在提倡的"非禁即入"规则。我们曾经采取的是"准入"制，即准许你做的事，你才能做。这样，就会有大面积的"既没有准许，也没有不准"的"灰色地带"，如果做了，就可能"犯规"。人类的认识是有限的，哪些事可以做，哪些事不可以做，会随着人类认识的进步而改变。更重要的是，很多事是原来没有的，如何规定准不准？所以，在"准入"制下，人们能够做的事就很有限：世上万千事，无论多少条款也规定不完。在"非禁即入"规则下，除了不准做的事，其他都可以做，没有规定的事远远多于规定的事，所以，人们能够做的事也就多得多了。无论是从经济发展的角度还是从公民自由度的角度来看，"非禁即入"都比"准入"好得多。当然，由于惯性使然，从一些政府部门和官员，到一般百姓，头脑里还存在"准入"思维模式，我们离真正的"非禁即入"还有很长的距离。

以下是两种不同的演绎论证：

【例9-5】（1）要么可以做，要么不可以做。

（2）没有准许做这件事。

（3）所以，不能做这件事。

【例9-6】（1）要么可以做，要么不可以做。

（2）没有禁止做这件事。

（3）所以，能做这件事。

这同样是两个不相容选言论证，理论上都是有效的，所不同的是能够做的事的多少，因为存在大量既没有准许也没有禁止的事情，这在例9-5的逻辑下是不能做的，而在例9-6的逻辑下是可以做的。

这不仅是政府管理社会的不同准则，也是教育中的不同准则。在有些家庭或学校，采取的是"准入"制；而在另外一些家庭或学校，采取的是"非禁即入"规则。如果观察在这两种不同模式下成长起来的人，可能会发现教育效果是不一样的。

"不能证明有罪，就是无罪"或"不能证明无罪，就是有罪"也罢，"非禁即入"或"准入"也罢，其区别不在于逻辑的正误，而在于理念的开放性，以及有利于谁。"不能证明无罪，就是有罪"以及"准入制"，都是有利于制定规则的管理者的；而"不能证明有罪，就是无罪"以及"非禁即入"规则，则是有利于被管理者的。从社会角度看，被管理者是大多数，因此，"拔高"点说，这就是一个是否有利于大多数人利益的问题。这也是衡量社会进步的重要尺度。

9.1.4 非演绎论证的类型

非演绎论证，是指除演绎论证以外的所有论证方式。区分演绎论证和非演绎论证的标准，就是前面所说的，能够证明结论还是支持结论，也就是论证的结论是"必然"的还是"或然"的。演绎论证用可靠性来衡量，非演绎论证则用强弱来衡量。凡是属于支持结论的论证，都属于非演绎论证。

我们可以简单地用"一般"和"特殊"的关系，把非演绎论证划分为以下四类：

（1）从特殊到一般，如归纳概括。

【例9-7】（1）这个城市的火车站脏乱差。

（2）这个城市的饭店也脏乱差。

（3）所以，这个城市脏乱差。

这就是从"特殊"（火车站、饭店）到"一般"（这个城市）的推理。这样的推理有没有力度呢？是有的，虽然只有两个例证。一般来说，火车站、饭店这种"窗口"单位，是更重视卫生状况的，如果连这些地方都脏乱差，其他地方就可想而知了。

归纳概括是人类认识世界的最早方法。人们通过观察，发现了一些具有相同特征的事物，于是想到，凡是属于这类事物的，都应该具有相同的特征，由此得出了一些"规律"。

（2）从一般到特殊，如统计概括。

【例9-8】（1）我们班80%的同学都考核合格。

（2）张三是我们班的。

（3）所以，张三也考核合格。

这种论证形式，我们在演绎论证里就已经见过了。如果把80%改为"全部"，这个论证就变为演绎论证了。这也再一次告诉我们，演绎论证与非演绎论证并不是简单地用是不是"从一般到特殊"来区分的。

（3）从特殊到特殊，如类比推理。

【例9-9】（1）张大和张二是孪生兄弟，有相同的爱好。

（2）张大喜欢踢足球。

（3）所以，张二也喜欢踢足球。

（4）从一般到一般。

从特殊到特殊，是类比两个"个体"，而如果把"个体"换成"总体"，就成了从一般到一般。

【例9-10】（1）吸烟是导致肺癌的主要因素。

（2）喉癌也是癌症，而且喉部也是吸烟的烟雾必经之地。

（3）所以，吸烟也是导致喉癌的主要因素。

这就是从一个类别推导到另一个类别。接下来，我们分别对这四类情况进行介绍。不过，我们不是完全按照以上顺序来介绍的，而是把内容相近的归在一起，如统计论证，既有从特殊（样本）到一般（统计结果）的归纳论证，也有从一般（统计结果）到特殊（具体对象）的统计推理（也叫统计三段论），我们就把它们归到同一节；同样地，类比推理既可以是从特殊到特殊，也可以是从一般到一般。

9.2 枚举论证

前面讲到，归纳论证的关键词是"概括"。所谓概括，就是从个别事物的特征，概括出这一类事物的特征。人类最早总结出的归纳概括方法就是"枚举论证"。

9.2.1 什么是枚举论证

所谓枚举论证，就是在某一类对象中找几个例子，一一列举其具有某种属性，然后概括出该类事物的全部对象也具有这种属性。枚举论证的基本格式是：

（1）A、B、C……具有属性x。

（2）S类包括了A、B、C……

（3）所以，S类具有属性x。

【例9-11】树木有年轮，从它的年轮可以知道树木生长的年数。动物也有年轮，比如乌龟，从龟甲上的环数可以知道它的年龄，而牛马的年轮在牙齿上。日本科学家发现人的年轮在脑中。这些事实说明，所有生物都有记录自己寿命长短的年轮。[①]

这个论证就是通过树木（A）、乌龟（B）、牛马（C）、人（D）的一一列举，证明所有生物（S类）都有年轮。

---

① 谷振诣，刘壮虎. 批判性思维教程 [M]. 北京：北京大学出版社，2006：266.

【例9-12】（1）张三、李四、王五的英语成绩都不错。

（2）张三、李四、王五都在第一小组。

（3）所以，第一小组的英语成绩都不错。

9.2.2　枚举论证的分类

根据枚举论证的结论是针对"所有的"、"特定的"还是"个别的"，我们把枚举论证分为全称枚举论证、特称枚举论证和单称枚举论证。上面的例9-11和例9-12都是全称枚举论证，因为结论里的主项都是"全称"（所有、都、全部、无不），例9-11里是"所有生物"，例9-12里是"第一小组（的所有人）"。

我们把例9-12结论里的主项改一改，就分别变成了特称枚举论证和单称枚举论证。

特称枚举论证：第一小组其他几位学生的英语成绩不错。

单称枚举论证：第一小组陈六的英语成绩不错。

为加深理解，再就全称、特称、单称枚举论证分别举一个例子。

【例9-13】湖南人喜欢吃米饭，江西人喜欢吃米饭，福建人喜欢吃米饭，所以，所有南方人都喜欢吃米饭。

【例9-14】湖南人喜欢吃米饭，江西人喜欢吃米饭，福建人喜欢吃米饭，所以，同属于南方人的广东人也喜欢吃米饭。

【例9-15】湖南人喜欢吃米饭，江西人喜欢吃米饭，福建人喜欢吃米饭，所以，属于南方人的上海人王沪生也喜欢吃米饭。

例9-13是全称枚举论证，论证的是"所有南方人"；例9-14是特称枚举论证，论证的是特定的"广东人"；例9-15是单称枚举论证，论证的是个别对象"王沪生"。

9.2.3　枚举论证与案例分析

在管理学、人类学、社会学、政治学等学科中，案例分析是一种很重要的研究方法，比如托马斯·彼得斯的《追求卓越》、玛格丽特·米德的《萨摩亚人的成年》、费孝通的《江村经济》、威廉·怀特的《街角社会》、鲁斯·本尼迪克特的《菊花与刀》、格雷厄姆·艾利森和菲利普·泽利科的《决策的本质：还原古巴导弹危机的真相》等，都是案例分析的经典之作。

为何对一个案例（或多个案例）的分析能够成为某个领域的经典呢？原因在于作者从"特殊"（单个或多个案例）中总结出了带有"一般"性的规律。要做到这一点，除了案例的典型性外，还需要以小见大，在理论上找到事物之间的因果关系。

案例分析就相当于枚举论证，我们不能因为枚举论证的"原始"而轻视了它在归纳论证中的重要作用。当然，枚举论证因为"证据不足"，其论证的强度要受到质疑。

9.2.4 枚举论证的强度

由于枚举论证是以几个"特殊"个案的特征推断出整体或其他相关对象的特征，所推断的结论是否为真就很成问题，特别是对于全称枚举论证来说。我们在前面讲到过"草率概括""以偏概全"等"常见思维谬误"，因此，我们需要对枚举论证的强度进行检验和评判。以全称枚举论证为例，我们一般根据以下标准来评价论证的强度：

（1）无反例。这就是说，没有找到与推导的结论相悖的例子。最典型的例子是黑天鹅。人们在澳大利亚发现黑天鹅之前，一直认为"天鹅都是白色的"。但无论我们观察到多少天鹅是白色的，只要发现有一只天鹅是黑色的，就能推翻"所有天鹅都是白色的"这个结论。

社会科学本来就是统计意义上的，存在不符合结论的例子是很正常的。比如，我们说"性本善"，指的是"大多数人"，而不是"所有人"。对于自然科学来说，哪怕发现一个反例（小概率事件），也要对此前的结论进行重新评估，以修正其适用范围。有一本书是《黑天鹅》[1]，就是讲小概率事件的影响，以及我们如何更好地应对小概率事件以减少损失。

有没有反例往往"事后"才知道，而在作出论断的时候，我们并不知道（如果我们知道，就不会作出相同的推断了），因此，我们还需要其他可以"事前"作出判断的标准。

（2）大样本。一般来说，枚举的样本数量越多，论证的结论就越有说服力。比如，我们调查某地居民的幸福指数，调查100人与调查10人相比，不仅得出的结论可能不一样，论证的强度也不一样。很明显，调查100人更有说服力。盖洛普的调查发现，访问人数与误差之间的关系大约为：4 000人，2%；1 500人，3%；750人，4%；600人，5%；400人，6%；200人，8%；100人，11%。所以，盖洛普一般选择4 000人做调查。

有关样本及其选择的问题，我们将在下一节介绍，这属于统计论证的范围。

（3）同类性。用于枚举的事物以及所要推断的事物，是属于同一个类别的。在例9-11中，乌龟和牛马属于动物，人从更大的范围看，也属于动物，树木则属于植物，但植物和动物都属于生物（还包括微生物），所以才能进行枚举论证。如果是不同类别，那就不是枚举论证，而可能是后面要讲的比喻论证了。

（4）同质性。用于枚举的各个事物的属性是相同或相似的。比如例9-11，所列举的各个事物（树木、乌龟、牛马、人）的属性都是"年轮"，只不过表现形式不同而已。所以，我们才可以推导出包括这些事物的类（生物）都具有这种属性（年轮）。假如我们前面列举的分别是树木的高度、乌龟的重量、牛马的速度、人的智商，那就无法推导出生物具有哪种属性。

---

[1] 塔勒布 N. 黑天鹅［M］. 万丹，刘宁，译. 北京：中信出版社，2008.

9.3 统计概括与统计推理

9.3.1 统计概括

如果一个一个地列举，除非总体所包含的样本很少，否则我们难以"一窥全貌"而探寻总体的一般规律。一般情况下，总体是很大的，我们不可能对其中的每个个体进行调查。比如，我们要给一个有两万名员工的企业做薪酬方案，首先就要对该企业现有的薪酬状况，同行业、同地区的薪酬状况等进行调查，在管理咨询业，这叫"尽职调查"。我们要了解该企业的员工对薪酬现状的满意程度以及对未来的预期，最好的办法是对每个员工都进行访谈。但这样做的成本太高，包括经济成本和时间成本。因此，我们只能在各个层级的员工中，随机抽取一定数量，比如200人，进行访谈，这200人就是样本。我们的目的是通过对这200人的调查，总结出整个企业的状况，这就是概括。

统计学为我们从特殊（样本）到一般（总体）提供了一套科学的分析方法。枚举论证也是从特殊到一般的概括方式，但它没有"量化"。统计学则从"量化"的角度，更加"精确"地进行概括。试比较以下两个论证的强度：

【例9-16】我们班的大多数同学成绩超过全校平均水平，所以，我们班成绩优异。

【例9-17】我们班80%的同学成绩超过全校的平均水平，我们班的人均成绩超过全校人均成绩的30%，所以，我们班成绩优异。

毫无疑问，例9-17比例9-16更有力度，更有说服力。这也是统计论证的优势。但例9-17不是典型的统计概括，统计概括是从样本概括出总体的情况。

【例9-18】据我们对10所大学的2 016名学生的调查，每天在手机上花费5小时以上的占60%，可见现在大学生对手机的依赖度有多高。

在例9-18中，前面所说的是样本（10所大学的2 016名学生）的情况，由此而得出总体（所有大学生）的情况。

统计概括的典型格式是：

（1）x%的a有属性P。

（2）a属于A。

（3）所以，x%的A有属性P。

分解例9-18，a是"10所大学的2 016名学生"，A是"所有大学生"，P是"对手机的高依赖度"。

9.3.2 如何增强统计概括的支持力度

样本毕竟不是总体，因此，通过样本得出的结论不一定符合总体的情况。我们以一个例子来说明，在选择样本的时候，可能出现三种情况。假定布袋里有100个小球，红色小球和蓝色小球各50个。我们从袋子里随手抓出10个小球，会有多少个红色小球呢？第一种，恰好5个；第二种，多于5个，甚至全是红色小球；第三种，小于5个，甚至全是蓝色小球。当出现第二种或第三种情况时，样本（10个）就不能反映总体（100个）的情况了。

为了增强统计概括对结论的支持力度，应注意以下几点：

（1）大样本。样本数量太少，很难反映总体的情况。比如，你要了解某地区的居民收入状况，但只调查了该地区的几个人，那基本上可以确定，你的调查结果是偏离该地区的总体情况的。关于这一点，我们在前面的枚举论证里已经做了解释。

（2）代表性。样本要具有对总体的代表性。如例9-18，调查的10所大学应该各个层次（"985""211"、地方本科、高职高专）的都有，各个类别（理工、文科、综合）的都有。如果全部都是某个层次、某个类别的，那就要在结论中加上定语，比如"地方本科院校文科学生"之类。我们来看一个经典例子。

1936年，美国《文艺文摘》编辑部打电话给1 000名美国选民，问在即将开始的总统竞选中，他们将把票投给罗斯福还是兰顿，大多数人回答说将投给兰顿；与此同时，该刊物从读者中收回的200多万张调查表也预测兰顿获胜。但结果是，罗斯福获胜。

盖洛普仅对4 000多人进行了访谈，却得出了罗斯福获胜的预测。盖洛普公司也是从此时开始名声大噪的。

为何《文艺文摘》编辑部的调查与结果大相径庭呢？其调查的样本数（200万读者和1 000名电话调查对象）比盖洛普的4 000多人大了许多，却得到与实际结果相反的预测。这是因为其样本不具有代表性。因为在20世纪30年代，能够在家里装电话的人肯定是富裕阶层的，而阅读《文艺文摘》这类期刊的读者也不会很贫困，而且有一定的文化层次。也就是说，《文艺文摘》编辑部所调查的样本，是收入和文化层次在平均水平之上的人，这就把收入和文化层次在平均水平之下的人忽视了，而这个群体的数量更大。

盖洛普虽然只选择了4 000多人，但它是按照美国各个阶层的分布来选择的，更具代表性，所以才预测对了结果。

（3）相关性。所选择的样本要与我们所调查的结论相关。比如，我们调查"谁会当选"，那就要调查选民的意愿，如果我们去调查那些既不关心选举也不会去投票的人，样本就缺乏相关性。

（4）随机性。在满足大样本、代表性、相关性的前提下，我们在选择样本时，要符合随机选择的要求。比如，我们要调查中国大学生的消费结构，准备选择3 000名学生，这符合大样本的要求；我们选择不同类型、不同层次的10所大学的理、工、农、医、文、法、经、管等专业各个年级的学生，这是代表性的要求；这个问题不需要考虑相关性，因为人人都要消费。假定根据以上要求，要从某大学的理工科学生中选择50个样本，我们就要在该校的理工科学生中随机选择。

在实际调查中，人们很容易受到"获得性"的影响，就是根据自己是否容易调查来进行选择，只选择自己容易得到的样本，那就偏离了随机性的要求。

9.3.3 统计推理

与统计概括从特殊到一般正好相反，统计推理则是从一般到特殊。

【例9-19】王家村90%以上的人都姓王，他是王家村的，所以他姓王。

【例9-20】这个单位80%以上的男人不抽烟，他是这个单位的保安，所以，他不抽烟。

统计推理也叫"统计三段论"，其基本格式是：

（1）x%的A有属性P。

（2）a属于A。

（3）所以，x%的a有属性P。

晃眼一看，这与前面的统计概括的典型格式没有什么区别，其实区别是很大的。请仔细看字母A的大小写，我们一般用大写A表示总体，而用小写a表示局部。统计概括是从局部推导出总体的属性，而统计推理则是从总体推导出局部的属性。

统计推理对结论的支持力度取决于x%。其比例越大，力度越大，90%肯定比50%的力度大很多。如果达到100%，就是"全部"，这时统计推理就成了前面介绍的演绎论证。

【例9-20'】这个单位100%的男人不抽烟，他是这个单位的保安，所以，他肯定不抽烟。

现在的问题是，x%是怎么来的呢？一般来说，是通过前面的统计概括得来的，而统计概括又是通过样本调查得来的。这就有问题了，因为样本不是总体，即便通过样本得出了"100%的男人不抽烟"的结论，也不能保证这个保安不抽烟，因为他可能不在调查的样本里，属于"漏网之鱼"。

当比例不是100%时，就不要在结论里给出完全肯定的判断，而应采用"很可能""多半""可能""也许""不太可能"等表示程度的词，这能够提高结论的可信度。比如，例9-19的结论改为"他很可能姓王"，例9-20的结论改为"他多半不抽烟"。

9.3.4 预测区间

当我们根据已有情况推测未知情况时，应该给出一个预测区间，而不是一个准确数。这不是投机取巧，而是真正的科学态度，因为未知的情况，特别是未来的情况是不确定的。举个简单的例子，当我们进行财务决算的时候，可以将数据精确到0.01元，因为这是已经发生了的情况，不允许有任何偏差。但当我们进行财务预算的时候，就不可能精确到0.01元了，有的单位要求精确到"千元"，有的单位要求精确到"万元"，有的单位甚至要求精确到"百万元"就可以，这与不同单位的经济体量有关。

也许你会说，预算的时候还是没有给出"区间"啊。其实是给出了区间的，因为不同的科目要求不同，有的是"上限"，比如"三公经费"。如果预算里的"业务招待费"为 50 万元，那就是不能超过 50 万元，这就相当于给出了一个 0~50 万元的区间。而有些经费则是"下限"，如"研发经费"。如果研发经费的预算为 200 万元，那就是不能低于 200 万元，所给出的是一个 200 万元到无穷大的区间。当然也不可能无穷大，要根据公司的经济实力而定。

同样地，当我们对下一年的经济状况进行预测时，也应该是一个区间，而不是一个点。像"明年的经济增长率预计为 6%"这样的结论，理论上是"不科学"的，不如 5.8%~6.3% 这样的区间科学。

同样地，我们如果对例 9-19 和例 9-20 进行改写，就"科学"多了。

【例 9-19'】王家村 90% 以上的人都姓王，他是王家村的，所以，他有 85%~95% 的可能性姓王。

【例 9-20'】这个单位 80% 以上的男人不抽烟，他是这个单位的保安，所以，他有 75%~85% 的可能性不抽烟。

需要注意的是，虽然统计概括和统计推理"披着量化的外衣"，却很容易出错，如我们在前面讲的赌徒谬误、百分比谬误等，就属于典型的"统计谬误"。因此，我们要学会如何正确看待和引用统计数据，而不要被"精确的数字"所误导。

9.3.5 统计数据的应用

为了提高统计数据对结论的支持力度，我们要注意以下几点：

（1）绝对数据与相对数据结合。比如"该地区 GDP 去年增长了 30%，增长了很多"这样的结论就可能有问题，因为没有说该地区去年 GDP"基数"是多少。一个基数为 2 000 亿元的地区和一个基数为 2 万亿元的地区，仅用增长率来进行比较是不科学的。再比如，"张三本学期的考试成绩在学校排名提高了 200 名，而李四只提高了 20 名"，晃眼一看，张三肯定比李四厉害，但也许张三是从第 1 000 名提高到了第 800 名，而李四是从第 30 名提高到了第 10 名。要知道，越是往前，提高 1 名的难度就越大。

举个像笑话一样的例子："经过艰苦努力，他在本单位的冬泳比赛中取得了第三名的好成绩。"一看参赛人数，结果只有 3 人参加了冬泳比赛。

（2）要动态地看数据。典型的例子就是新冠肺炎疫情对经济的影响，这导致 2020 年的经济数据不太好看，而到了 2021 年，经济又出现了大幅反弹。如果只看 2021 年比 2020 年增长了多少，就会盲目乐观，因此，我们不仅要看 2021 年相对于 2020 年的变化，还应该看 2021 年相对于 2019 年的变化。国内大多数新闻报道都给出了这两个数据，这是科学的态度。

这几年，基金业很红火，基金的募资规模不断创出新高。这当然是好事，第一，说明中国的经济发展不断向好，因为股市是经济的晴雨表；第二，说明老百姓的投资观念发生了很大的变化，他们认为把钱交给会投资的专业人士管理比自己直接进入股市更好。但我们在阅读这些基金的募资宣传时，会发现它们往往只宣传自己业绩最好的年份，而业绩不好的年份就"省略"了。这会误导投资者。这是既不科学也不道德的做法。

（3）要从总体看数据。有时候，局部的数据很乐观，但不能代表总体情况也乐观，这就是样本选择有问题。比如，股市分析人员往往"报喜不报忧"，他前后推荐了100只股票，每次"回顾"时，都只说涨得最好的股票，而把其他大多数涨得不好甚至大幅下跌的股票"有意忘记"了。这样，如果不是长期读他的股评文章，就会被他的"惊人业绩"所迷惑。

说一个"赤脚医生"的例子。现在的年轻人不知道什么是"赤脚医生"，那是20世纪六七十年代农村的非正式编制医护人员，他们或是家里有从医背景，或是经过短期培训，平时主要务农，随身背着医药箱，为村民看病。批评观点认为，"赤脚医生"医术不行，会医死人的。那如果没有赤脚医生呢？估计死的人就更多了。从历史的角度看，"赤脚医生"是作出了重大贡献的。

再举一个典型例子。网络上说，黄曲霉素的毒性是砒霜的几十倍。这有没有错呢？如果是同样剂量相比，应该是没错的。但我们很容易忽视一点，就是多少变质食物（据说坚果、谷物、发酵品、奶制品中最容易滋生黄曲霉素）里才有使人中毒的黄曲霉素的剂量呢？我们会不会一下子吃那么多呢？这些问题很少有人去深究。

当然，举这个例子并不是说变质的食物可以食用。食品、药品之类的东西是一定要加倍注意的，变质的不能吃，过了保质期的，哪怕没有变质也不能吃，这是基本常识。但如果在野外遇险等特殊情况下，在"饿死"和"吃变质食物"两者之间，估计没人会选前者吧。

（4）要注意数据的可比性。所谓可比性，就是所比较的两个总体应该是性质相同的。还是以新冠肺炎疫情为例，截止到作者写作这段时间（2021年5月16日），全球累计确诊病例已经超过1.61亿，累计死亡人数335.2万。如果有人说："这不算什么，如果没有新冠肺炎疫情，全球每年死亡的人数还不是五六千万，也远远不止300多万。"这就不具有数据可比性。因为死亡有很多种原因，把新冠肺炎这一种疾病与多种疾病放在一起比较，缺乏可比性。

另外一个典型的例子就是对中国足球的批评："中国有十多亿人口，中国足球队居然打不赢一支来自只有几百万人口的国家的足球队。"人口基数大，可选择的范围大，这是事实，但影响一支足球队战绩的因素非常多，不是仅用一个人口数据就能说明问题的。人与人之间在很多方面是不可比的，比如一个几百万人口的城市，为什么不能出一个爱因斯坦？出一个贝多芬？出一个达·芬奇？

在应用统计数据时，不能简单地看数据，应该更多地看数据背后的事实及逻辑。

9.4 类比论证与比喻论证

类比与比喻，更多地应用在文学作品中，但在科学著作中，恰当的类比或比喻不仅不会降低其科学性，反倒能够使作品更加生动、易懂。

9.4.1　类比论证

我们在生活中会大量地用到类比论证。

【例9-21】（1）你看莉莉那么喜欢孩子。

（2）要是今后她有了孩子，还不知道多喜欢呢。

类比论证的典型格式是：

（1）A具有属性x。

（2）B与A类似。

（3）所以，B也具有属性x。

按照这种格式，我们可以把例9-21修改如下：

【例9-21'】（1）莉莉喜欢（别人家的）孩子。

（2）莉莉如果有了（自己的）孩子。

（3）所以，莉莉会更喜欢自己的孩子。

在这里，A是别人家的孩子，B是自己的孩子，属性x是喜欢。

成语"一朝被蛇咬，十年怕井绳"也是类比论证：

（1）被蛇咬的经历令人害怕。

（2）井绳看起来像蛇。

（3）所以，井绳令人害怕。

那么，如何判断B与A类似呢？是根据B和A的某些属性相同或相似来判断的。因此，我们可以把上述典型格式改为：

（1）A具有属性x、y、z。

（2）B具有属性x、y。

（3）所以，B具有属性z。

【例9-22】（1）张大和张二是孪生兄弟，张大活泼、聪明、有礼貌。

（2）张二活泼、聪明。

（3）所以，张二也应该有礼貌。

9.4.2　类比论证的强度

类比论证也不是证明，而是推理，需要有足够的强度，才有说服力。如果仅根据事物间具有某些相似性，而推导出具有其他相似性，就容易犯不当类比的谬误。

【例9-23】（1）人会说话，也会理性思考。

（2）鹦鹉会说话。

（3）所以，鹦鹉也会理性思考。

如何评估类比论证的强度呢？根据经验，我们可以采取以下标准来判断：

（1）多属性。一般来说，前面类比的属性越多，则论证的强度越大。

以例9-22为例，其论证强度是不够的，因为即便是孪生兄弟，即便都活泼、聪明，也不能保证都讲礼貌。但如果我们把例9-22修改为：

【例9-22'】（1）张大和张二是孪生兄弟，生长在一个礼仪之家，从小在一起受教育，现在又都从事与人打交道的工作，张大活泼、聪明、有礼貌。

（2）张二活泼、聪明。

（3）所以，张二也应该有礼貌。

毫无疑问，例9-22'比例9-22的论证强度大多了，因为张大和张二多了几个相同的属性，为要推导出来的属性增加了"砝码"。

（2）多样性。这是指类比的属性不是单一的，而是代表多个方面，这样类比后得出的结论更有说服力。以例9-22'为例，礼仪之家、教育、职业分别代表三个不同的视角，比仅从一个视角（如读同一所幼儿园、同一所小学、同一所中学）类比的强度更高。

多样性与多属性不同的是，前者是指有哪些方面的属性，后者则是指属性的数量。

（3）强相关。如果相同的属性x、y与要推导的属性z没有多少相关性，那结论的说服力就不强。如例9-22，活泼、聪明与有礼貌之间就不具有强相关性，并不是说聪明、活泼的人，比笨笨的、爱静的人更讲礼貌。但修改后的例9-22'就大不一样了，因为礼仪之家、教育、与人打交道的工作，都与有礼貌这一属性强相关，所以，例9-22'的论证强度就大增。

把不相关的事物进行类比，也是犯了不当类比的思维谬误。

（4）规模性。用来类比的样本数量越多，论证强度越高。我们还是以例9-22为例，假如不是两兄弟，而是四兄弟。

【例9-22"】（1）张大、张二、张三、张四是同胞兄弟，张大、张三、张四都活泼、聪明、有礼貌。

（2）张二活泼、聪明。

（3）所以，张二也应该有礼貌。

很显然，例9-22"比例9-22更有说服力，因为一家四个兄弟中，三个都有礼貌，另外一个有礼貌的可能性就增加了。如果我们把例9-22'中的礼仪之家、教育、与人打交道的工作这些与有礼貌强相关的属性加进去的话，那论证的强度就更高了。

以上标准仅是在针对同类事物进行类比时才有效。如果是不同类别的事物，哪怕符合上述标准，也不一定就是好的类比论证。

【例9-24】（1）猫敏捷、毛茸茸的、爪子有力，能抓老鼠。

（2）狗敏捷、毛茸茸的、爪子有力。

（3）所以，狗也能抓老鼠。

狗和猫毕竟是两个不同的种类，不太好类比。当然，现在的狗经过训练，有些也能抓老鼠，但毕竟狗不像猫那样能够上梁，即便能抓老鼠，也是"业余"的，要不怎么会有"狗拿耗子多管闲事"的谚语呢。

9.4.3 比喻论证

比喻是一种常见的修辞手法，无论是哲学家、文学家还是科学家，在写作和演讲时，都会采用。比喻用于论证，能起到形象生动、通俗易懂、加强论证的效果。当别人对某事物不了解的时候，将该事物比喻为另外一种大家司空见惯的事物，就容易使人理解了。据说相对论的创立者爱因斯坦曾这样幽默地解释相对论：

把你的手放在滚热的炉子上一分钟，感觉起来像一小时。坐在一个漂亮姑娘身边整整一小时，感觉起来像一分钟。这就是相对论。

类比往往用在同类事物之间，而比喻则可以用于不同类别的事物之间，因此，其应用范围更广。滚热的炉子、漂亮姑娘、相对论，是完全不同类别的事物。当然，如果这话真是爱因斯坦说的，也仅仅体现了他的幽默风趣而已，并不是说相对论就这么简单。

比喻论证的基本格式是：B像A。比喻的三要素是B（本体）、A（喻体）、像（喻词）。扩展开来就是：

（1）A具有属性x。

（2）B具有属性y，且y和x是相同或相似的。

（3）所以，B也具有属性x。

例如，他一动不动，就像一根木头。在这里，木头（A）是静止的（x）。他（B）一动不动（y），所以，他（B）也是静止的（x）。简化一下，就是：他（本体）像（喻词）木头（喻体）。他（人）和木头是两类不同的事物。

再比如，太阳就像一个大火球。按照基本格式分解：大火球（A）是圆的，熊熊燃烧、发光发热（x），太阳（B）是圆的，又亮又热，所以，太阳（B）也熊熊燃烧、发光发热（x）。

从修辞手法看，比喻有明喻、隐喻（暗喻）、借喻等十余种，其区别主要表现在"喻词"的不同。对此感兴趣的读者可阅读有关修辞的书籍。

9.4.4 比喻论证的力度

由于比喻论证不属于科学研究，因此，其作用不是证明，而是支持和更好地解释结论，我们需要对其力度进行评估。一般来说，有以下两个标准：

（1）可比性。这是指用作比喻的属性x和y真的是可以比喻的。能够用于比喻的属性应该具有某种相似性或一致性。比如，毛泽东在《反对本本主义》里把调查研究比喻为"十月怀胎"，把解决问题比喻为"一朝分娩"，就非常贴切地把调查研究与解决问题的关系讲清楚了。即便是富有想象力的诗人，在用到比喻时，也是要讲可比性的，如苏轼的"人有悲欢离合，月有阴晴圆缺"，就是因为"人"和"月"都具有"不稳定性"这一特征，才能进行比喻。

如果两个事物具有完全不同的属性，就不能拿来比喻了。比如"这里地势广阔，就像咽喉要道"。咽喉要道是指狭窄而重要的关隘，把地势广阔的地方比喻为咽喉要道，就不具有可比性。

（2）可信度。用作比喻的事物 A 的属性 x 的可信度越大，与之比喻的事物 B 的属性 y 的可信度就越大。钱钟书先生是用比喻的高手，在《围城》一书里，形象、生动、贴切的比喻比比皆是，不仅使作品熠熠生辉，而且常令人忍俊不禁。随便举一例，在写到唐晓芙从表姐苏文纨那里得知了方鸿渐的过去后，就发挥律师女儿的卓越口才，把方鸿渐说了一通。当方鸿渐听到唐晓芙最后说"我只希望方先生前途无量"时，"鸿渐身心仿佛通电似的麻木，只知道唐小姐在说自己，没心思来领会她话里的意义，好比头脑里蒙上一层油纸，她的话雨点似的渗不进，可是油纸震颤着雨打的重量"。这里的"通电""油纸""雨点"及"麻木""渗透不进雨点""震颤着雨打的重量"的属性，都是可信的，因而令读者更能理解此时的方鸿渐是怎样的心情，以及为何不做任何解释（唐晓芙是希望他解释哪怕是辩解的）就离去了。

如果用作比喻的属性令人难以相信，那被比喻的属性也就令人难以相信。比如"这家伙一点不忠，就像喂不饱的狗"，我们都知道狗以忠诚著称，用狗来比喻一个人的不忠，就不具有可信度。

类比和比喻主要是作为修辞手法使用的，不能作为主要的论证方法。它们不是证明方法，只能作为辅助手段，增强论证的生动性和通俗性，便于受众理解。

9.5 因果论证

9.5.1 什么是因果论证

人类天生就有探究原因的动力，比如看到太阳晨起昏落，就猜想这是太阳围着地球转，于是就有了"地心说"；后来根据这一假说进行天文观察，发现不对劲，又有了"日心说"。

探究原因的目的是找到一般规律，但一般规律并不等于个别的原因。比如，所有人都会死，所以，张三死了。人的死因多种多样，有自然死亡、疾病而死、意外死亡、他杀、自杀等，具体到个别人，原因是不一样的。也正因为如此，才需要探究原因。这包括不同的结果可能有不同的原因，也可能是相同的原因；相同的结果可能有不同的原因，当然也可能是相同的原因；同一个原因可能导致多个结果，一个结果可能有多个原因。这就为探究带来了各种可能性，也使探究充满未知和乐趣。

因果论证就是用原因来解释结果。我们常说，万事万物都有联系，但最有解释力的联系就是因果联系。可以这么说，所有的论证最终都是为了求得因果，即找到结果的原因。

9.5.2 原因和条件

我们在前面的"批判性思维的方法：概论"一章里讲过必要条件、充分条件、充分必要条件，这些条件是不是原因呢？

先看必要条件。如果没有A，则必然没有B；如果有A，未必有B。也就是说，A必须发生，B才可能发生，但A发生了，B也未必发生。"只有……才……"是其典型句式。比如，只有努力学习，才能有好成绩。但有时候努力学习也不一定能取得好成绩，也许是基础太差，也许是学习方法不当。

必要条件不一定是原因，典型的例子就是"只有白天过去，才是夜晚"，但白天不是夜晚的原因，地球自转才是原因。

再看充分条件。只要A发生，B必然发生，但B发生，不一定A也发生。"只要……就……"或者"如果……则……"是其典型句式。例如，我们常说：只要功夫深，铁杵磨成针。但针不一定要手工去磨，如果那样的话，真不知道一根针要值多少钱了。

充分条件也不一定是原因。例如"只要活着，我就要为人民服务"，显然，活着不是为人民服务的原因。

最后，我们来看充分必要条件（充要条件）。如果有A，就会有B；如果有B，就会有A。"当且仅当……就……"是其典型句式。比如，当且仅当脑死亡，才能判断一个人死亡。脑死亡既是死亡的必要条件，也是死亡的充分条件。但脑死亡不是死亡的原因，而是死亡的标志，或判断标准。

可见，"条件"和"原因"不是一回事，但"条件"有利于我们找到原因。

9.5.3　寻找原因的典型范式

从事科学研究，有一套公认的范式，这是人们从实践中总结出来的，就是"提出假设—收集及分析证据—检验假设—结论及讨论"。我们举一个经济学的例子来说明经济周期的原因。经济周期是经济运行的重要特征，经济学家一直在探究导致经济周期的原因，我们就以奥地利经济学家约瑟夫·熊彼特的创新理论为例。熊彼特认为，经济周期的原因是创新，当创新投入生产后，就会刺激经济的发展与繁荣，但创新不可能一直持续下去，一旦创新成果被大多数企业所应用，也就达到了顶峰，经济停滞就要临近，于是经济开始进入衰退和萧条。直到新的创新出现，才会进入下一个循环。

熊彼特的创新理论是否正确呢？需要我们去研究。

（1）提出假设。在这里，假设已经提出来了，但需要我们具体化。如果不具体化，我们就不能继续研究。用什么指标来衡量创新呢？假设我们用"发明专利数/万人"来衡量创新，那就把假设具体化为：发明专利数的变动与经济增长率的变动正相关。

这是已经有前人研究成果的情况，如果是我们自己对一个新事物进行研究，一般来说，有以下几点可供参考：

A.寻找相关异常因素。比如，我们到外地旅行，感觉不舒服，往往会归因于"水土不服"，因为这是一个与"不舒服"相关，又与此前的生活环境不同的异常因素。再比如，我一直身体很好，某天早上起来忽然头痛，就会回想昨晚的"异常"因素，是喝酒太多的缘故吗？还是因为熬夜很晚才睡？

B.寻找共同变项。这是科学研究最常用的方式，就是假定其他因素不变，有两个变量一起变化，这两个变量之间就可能存在因果关系。比如一家人外出吃饭，回来有人拉肚子，大家就会回忆这个人是不是某样菜吃多了。"拉肚子"和"某样菜吃多了"就是两个共同的变量。再比如，某班的考试成绩上升了不少，大家就会想，是什么与其他班不同而且与本班过去不同的因素导致的？也许是这学期开始一直坚持的智力游戏吧。这样就会形成一个假设：如果开展智力游戏，会提高学生的考试成绩。

C.原有理论不能解释的现象。理论的突破往往是因为已有的理论不能解释新的现象。"日心学"就是因为原来的"地心学"不能解释很多天文观察结果而提出来的。经济学在20世纪的进步也是一些现象不能用原有理论来解释，从而一项一项突破原有理论的结果，特别是行为经济学的产生与发展。

（2）收集及分析证据。提出假设后，就要论证假设。这时，需要收集相关证据。证据的来源主要是已有文献、实验数据、统计报告、调查结果。收集到足够的证据后，我们就要应用科学方法对证据进行分析，主要有定性和定量两大类，如果是数据型的证据，则主要采用定量分析方法。以"发明专利数的变动与经济增长率的变动正相关"这个假设为例，我们需要找到一些国家和地区过去十年，甚至几十年的数据，然后进行回归分析。

（3）检验假设。通过分析证据，对前面提出的假设进行检验。检验的结果无非两种：假设为真，即假设成立；假设为假，即假设不成立。比如，分析结果表明，当发明专利数出现上升趋势后，经济增长率也出现上升趋势；反之，如果发明专利数出现下降趋势，经济增长率也出现下降趋势，或同时，或滞后一段时间。这样，假设"发明专利数的变动与经济增长率的变动正相关"就为真，得到了验证；否则，就是没有得到验证。

（4）结论及讨论。最后，需要对检验的结果进行讨论。如果假设成立，就要从理论上进行解释；如果假设不成立，同样需要进行理论解释，也许这时的讨论意义更大。有些是可以通过已有理论进行解释的，有些则是已有理论解释不了的，那就需要进行理论创新。当然，不是说原有理论不能解释就一定是原有理论的问题，也许与原有理论的适用范围有关，也许是我们样本选择、变量选择和数据获取的问题。这就需要具体问题具体分析了。

本章小结 ✔ --•

1.演绎论证证明结论，非演绎论证支持结论。

2.支持力度强的论证是"好论证"，支持力度弱的论证是"坏论证"。

3."不能证明有罪，就是无罪"是司法史上的一大进步。

4."非禁即入"与"准入"相比，是社会的一大进步。

5.非演绎论证有归纳概括、统计概括、统计推理、类比论证、因果论证等。

6.枚举论证通过列举某一类别中的个体具有某种属性，从而证明该类别具有该种属性。根据其论证范围的大小，可分为全称枚举论证、特称枚举论证、单称枚举论证。

7.全称枚举论证的强度取决于有无反例、大样本、同类性、同质性。

8.统计概括通过样本的属性推导总体的属性。

9.要增强统计概括的支持力度，应该增加样本数，使样本有代表性和相关性，并随机选择样本。在实际调查中，人们往往选择自己容易得到的样本，这会影响结论的可靠性。

10.统计推理是从总体推导局部属性的方法，结论的支持力度与总体具有该属性的百分比密切相关。

11.社会科学的预测与自然科学的预测不同，应该是一个区间，而不是一个准确数。

12.在应用统计数据时，要注意绝对数据与相对数据相结合，要动态地看数据，要从总体看数据，并注意数据的可比性。

13.类比论证通过事物间的已有相似性推导其具有的其他相似性。

14.为增强类比论证的强度，可采取多属性类比、多样性类比，并注意类比的属性之间的相关性，增加类比的样本数。

15.比喻论证通过将一个事物比喻为另一个大家更熟悉、更容易理解的事物，而达到阐释的效果，其力度取决于可比性和可信度。

16.因果论证就是用原因来解释结果。

17.科学研究往往通过提出假设、收集及分析证据、检验假设、结论及讨论的过程进行因果论证。

进一步阅读 ☑ --------------------------------------●

[1] 摩尔 B N，帕克 R．批判性思维 [M]．朱素梅，译．北京：机械工业出版社，2020：第 11 章．

[2] 巴沙姆 G，欧文 W，纳尔多内 H，等．批判性思维 [M]．舒静，译．北京：外语教学与研究出版社，2019：第 11 章．

[3] 谷振诣，刘壮虎．批判性思维教程 [M]．北京：北京大学出版社，2006：第七章．

[4] 柯匹 O M，科恩 K．逻辑学导论 [M]．张建军，潘天群，顿新国，译．北京：中国人民大学出版社，2007：第 11、13 章．

[5] 雷曼 S．逻辑的力量 [M]．杨武金，译．北京：中国人民大学出版社，2010：第 10 章．

[6] 博斯 J A．独立思考：日常生活中的批判性思维 [M]．岳盈盈，翟继强，译．北京：商务印书馆，2016：第 7 章．

思考题 ☑ --●

1.以下表述分别采取了哪种论证方法？其可信度如何？为什么？如果可以改进其可信度，要如何改写？

（1）书籍是人类进步的阶梯。

（2）最新民意调查显示，超过60%的人赞成枪支管制，因此，政府应管制枪支。

（3）人有两只脚，鸡有两只脚，鸭有两只脚，鹅有两只脚，鸟有两只脚，所以，人和鸡、鸭、鹅、鸟是同类。

（4）我走进村子，先后看到5个人，长得都很瘦小，而且皮肤黝黑，因此，这个村子的人都是瘦小而且皮肤黑的。

（5）这个村子的人大多长得瘦小，而且皮肤黝黑，她身材高大而且皮肤白皙，因此，她不是这个村子的人。

（6）这个村子的人大多长得瘦小，而且皮肤黝黑，是紫外线强、劳动强度大造成的。

（7）1995年，《来自中关村的健康报告》通过对中科院下属7个研究所以及北京大学等8个单位进行调查，发现从20世纪80年代末到90年代初的5年间，共有134人死亡，"近年来每年都有20~30人病逝，其平均死亡年龄只有53.34岁，比目前我国人口平均寿命短10岁"，据此得出了"知识分子寿命比普通人短"的论断。

（8）据调查，这次森林火灾是因为一位游客丢弃的烟头引起的。

（9）水是植物生长的必要条件，但不是充分条件。

（10）有学者建议停止大学扩招，理由是高校的教育质量不断下降。

（11）他所认识的所有戴眼镜的人都很有学问，因此，戴眼镜的人都有学问。

（12）他来这里已经5年了，每年夏天都很热。因此，这里的夏天都很热。

（13）张三认识很多农民工，发现他们的生活条件都很差。所以，农民工的生活条件都很差。

（14）夏天，游泳池浅水区的人总是多于深水区的人。因此，不会游泳的人更多。

（15）世界500强企业的总裁有很多女性。因此，女性比男性更适合管理大企业。

（16）日本的广岛和长崎曾被原子弹轰炸，而现在日本是世界上经济最发达的国家之一，因此，不要担心核战争会毁灭人类。

（17）对200多位大学教师的调查发现，由于受职称评审的影响，教师们更愿意把时间和精力投入科研中，这是导致教学质量下降的根本原因。

（18）对某大学三年级学生的调查发现，只有不到20%的学生有考研的打算。因此，现在大学生准备继续深造的比例大幅度下降。

（19）节食减肥的人90%会在3年内恢复到原来的体重，因此，节食减肥是无效的。

（20）你既然能把电子游戏玩得这么好，你也能把考试成绩搞上去。

（21）照顾身体就像照顾爱车，保养和每年体检都是必需的。

（22）人生就像一盘棋，先走哪步后走哪步，结果是不一样的。

（23）人生就像乘车，每个重要的关头就是你的中转站。

（24）他每次借了别人的车，归还时都会加满油。所以，他这次借我的车，也会给车加满油。

（25）飞流直下三千尺，疑是银河落九天。

（26）学费昂贵的学校就像豪车一样，一定是好学校。

（27）狗是人类忠实的朋友。

（28）如果你能拿出学习英语那样的劲头来学习批判性思维，那就不会考不及格了。

（29）教师："我上节课讲的东西，这节课就没有几个学生能回答出来。可见现在的学生水平很差。"

（30）肯尼迪曾说："不要问国家为你做了什么，而要问你为国家做了什么。"

（31）长期干旱会导致沙漠化。西北地区沙漠化扩大，说明那里已经长期干旱。

（32）因为水库的水被污染，所以没有人来游泳。如果能够改善水质，水库就会变为游泳乐园。

（33）福尔摩斯说："马被偷走时，狗没有叫，这说明作案者是这里的熟人。"

（34）保护耕地将导致房价上涨。

（35）有研究表明，孩子的智商主要与母亲有关。因此，娶个高智商的妻子，孩子就能够考上好大学。

（36）美国反对禁止枪支者的口号是："枪不杀人，人杀人。"

（37）昨天在这家餐厅吃饭的人，80%都拉肚子，所以，这家餐厅的饭菜肯定有问题。

（38）绝大多数80岁以上的人都不会玩电脑。所以，不玩电脑可以长寿。

（39）在注射流感疫苗的30人中，没有一人得流感。所以，该款流感疫苗的有效率为100%。

（40）湖南人喜欢嚼槟榔。有研究表明，嚼槟榔会使患口腔癌的概率提高一倍。所以，湖南人患口腔癌的比例是其他地方人的两倍。

（41）有研究表明，每天睡前喝一杯红酒，对心脏有好处。也有研究表明，酒的最佳饮用量为0。根据矛盾律，这两个结论不可能同时为真。这说明这些所谓的研究人员并没有从事真正的科学研究，无非是想吸引眼球而已。

（42）本店过去一年总共中了2个一等奖、3个二等奖，有位彩民买了5次彩票就中了4次。可见在本店买彩票的中奖率有多高。

（43）本人推荐的股票在过去一年里，有上涨了300%以上的，有上涨了200%以上的，有上涨了100%以上的。相信本人！

（44）某报社总编辑："互联网对纸媒的冲击是前所未有的。因此，我们要么迎接挑战，改变自己；要么麻木不仁，被网络淹没。"

（45）被告是个惯犯。在这个小区里，只有他是惯犯。事发当时，他就在现场。所以，他就是犯罪嫌疑人。

（46）一份来自纽约200名企业家的调查显示，超过半数的人同意种族隔离。因此，种族隔离是合理的。

（47）一团尘云正从距离地球2.8万光年的黑洞中涌出，正在溶解其所遇到的一切。因此，地球人要未雨绸缪，想办法阻止这团尘云到达地球，否则就会有灭顶之灾。

（48）我们突击检查了20间大学生宿舍，其中男生宿舍和女士宿舍各占一半，我们发现女士宿舍的卫生状况比男生宿舍更差。可见现在女生比男生更不讲卫生。

（49）有研究表明，现在人的压力剧增。而压力剧增的原因，是快节奏的生活和工作方式。因此，提倡"慢生活"才是人类的出路。

（50）要么改变世界，要么改变自己。既然不能改变世界，就只能改变自己了。

2.针对非演绎论证的几种方法，分别举一两个例子，可以是在阅读中遇到的，也可以是现实生活中遇到的。请进一步分析这些论证的可信度。

3.假如你要验证"通货膨胀率与失业率呈反向变化"，该如何设计你的研究？

4.以下是一个真实案例，请指出其中采用了什么推理方式，并评估其合理性[1]：

2017年1月，一名男子逃票翻墙进入宁波雅戈尔动物园，结果被老虎咬死。网络上的评论可以分为"挺人派"和"挺虎派"。

"挺人派"：

（1）这名男子能够翻墙而入，说明动物园的管理有漏洞，动物园要负一定责任。

（2）如果行人闯红灯、横穿马路被车撞死，难道司机不该负责吗？你如果能够控制车速，这样的悲剧会发生吗？这不是对规则的敬畏，而是对生命的漠视。

（3）票价那么高，又有漏洞可钻，这不是故意引人入套吗？真正吃人的，是定价的组织，是高票价，是低工资，是入不敷出的窘迫！

（4）如果票价合理，谁会冒险逃票？一个为社会作出贡献的打工者，如果连一张动物园的门票都买不起，我们这个社会不应该反省吗？

（5）若揪着破坏规则而鞭挞，试想我们自己，谁又不是规则的践踏者呢？只不过是不同的规则而已。若以此来论该不该死，那我们谁又该活呢？

"挺虎派"：

（1）家里门锁着，小偷还是可以撬开门锁进来偷东西。难道要将责任归咎于被偷的住户：谁叫你家的门锁不是超级防盗的呢？

（2）如果动物园有错，那强奸犯就可以反告女孩长得太漂亮、穿着太暴露，所以才勾起了他的犯罪欲望。

（3）什么都别说了，我现在就出门，在马路上摔一跤，然后找政府索赔去：谁叫你把马路修得高低不平！

（4）是啊，动物园确实有漏洞，应该三步一岗、五步一哨，架起机枪，拉起铁丝网，碉堡排排，地堡座座。

（5）高速隔离带也不高啊，你咋不翻过去呢？

---

① 董毓. 批判性思维原理和方法［M］. 北京：高等教育出版社，2010：326-327.

10
提升批判性思维的技巧

> 学习知识要善于思考、思考、再思考，我就是靠这个学习方法成为科学家的。
>
> ——爱因斯坦（1879—1955，物理学家，相对论的创立者）

课前思考 ☑--------------------------------------●

1.本课程学习到这里，主要内容就介绍完了。请大家自我评估一下，我们的批判性思维能力得到了多大提升？想不想进一步提升自己的思维能力？

2.你认为什么样的训练方式适合学生？这样的训练方式有什么特点？

3.如果要你列举5项适合学生的训练方式，你认为有哪些？

4.回忆一下你平时阅读的书刊，从阅读材料到阅读方式，有什么特点？有没有需要改进的地方？

5.你有没有写作的习惯？所谓习惯，就是指除了完成老师布置的作业外，自己主动地、经常地做，比如记日记、写读书笔记等。

6.你喜欢提问吗？比如，课间休息时，向老师请教；在寝室里，与同学讨论；校外专家来做报告时，抢着向专家提问。如果不喜欢提问，原因是什么？如果喜欢提问，一般会问哪类问题？

7.你喜欢做趣味思考题吗？比如逻辑推理题、填字游戏、猜谜语等。

8.与同学一起在路上走，你会发现一些别人没有发现的现象吗？你喜欢做比较两幅画，然后找出不同点的题吗？你喜欢做从一幅画里找出多少个特定物的题吗？

建议每道题写一篇小文章，长短不论，然后在本章学习结束后，与我们提出的建议进行对比。这些题没有严格的对错之分，关键是适合自己和有效果。

本章导读 ☑--------------------------------------●

1.思维能力的提升仅靠学习知识是不够的，更重要的是训练。这与我们学习数学、物理、英语、写作等课程是一样的，如果不做题，就很难掌握学科知识；也和我们学体育、艺术是一样的，如果不训练，就不会掌握技巧。看一百本书而不下泳池，肯定学不会游泳。

2.我们在本章提供了五种训练思维的方式。这是基于两个原则:一是适用原则,就是适合学生,不能有太高的经济成本;二是效率原则,就是对提升批判性思维能力有效。其实,就是一个原则:经济原则。

3.思维能力训练最好是在幼儿或儿童时期,因为那个时候人的思维方式还没有定型,易于塑造,而且思维训练的年龄越小,一生的受益时间越多。即便已经成年,也是可以训练思维能力的,因为现代脑科学告诉我们,人的思维器官——大脑——是在不断改变的。

4.进行思维训练的目的是养成良好的思维习惯。

10.1 最经济的技巧

我们最不愿意讲的就是所谓"技巧"类的东西,但现在很流行,所以也不能免俗。提高批判性思维能力的技巧很多,最为经济(低成本、高收益)也最适合学生的技巧是"五多",就是在五个方面要多做。

之所以要提"最经济"这个前提,是因为学生在经济上还要依靠父母,大多数学生经济条件并不宽裕。比如,参加学费昂贵的思维训练班,虽然效果可能不错,但从经济的角度看,并不合适。

对于学生来说,能够支付的最大成本就是时间。我们就从时间这个视角,来提供几个提高批判性思维能力的技巧。此外,对于学生来说,学习就是其"工作",我们所提供的技巧也是结合学习的,不需要支付额外的"成本"。换句话说,改变一下学习方法,就能既提高考试成绩,又能训练批判性思维,一举两得。

我们认为,多观察、多阅读、多提问、多思考、多写作,就是学生提高批判性思维能力的技巧。当然,你也可以在学习和训练过程中,根据自己的经验和体会,总结出自己的"技巧",这就达到了一个更高的境界。如果你总结出了更好的办法,也可以分享给大家,当然也包括我们。

10.2 多观察

当我们阅读推理小说时,不得不佩服侦探们的推理能力。而推理能力就是批判性思维的主要表现形式之一。那么,侦探们卓越的推理能力是以什么为基础的呢?就是超越常人的观察能力。他们会看到常人往往忽视的"细枝末节"。这种细致入微的观察能力就是其批判性思维的基础。

观察能力与思考能力密切相关。人们不是凭空思考的,按照信息论的观点,我们之所以思考,是因为受到了信息的刺激。当信息进入我们的大脑后,我们才会对此进行思考。

很多职业都需要优秀的观察能力,如画家、作家、科学家、工程师、工人、农民等。画家、作家需要观察细致，看到别人没有看到的细节和特征，才能画出、写出好的作品；科学家、工程师要观察入微，才能发现问题，并为解决问题找到方法；工人、农民也需要良好的观察能力，才能生产出高质量的产品。

有研究结果显示，人类接收的信息大半来自视觉。比如一个盲人，他所能获得的信息就远远少于正常人。通过视觉获得的信息也更接近真相，所谓"眼见为实，耳听为虚"。

当然，我们也不能完全依赖视觉。第一，通过视觉获得的信息是有限的；第二，视觉也会"欺骗"我们，比如心理学里的错觉图，以及曾经很流行的错觉画，可以在网上找到很多。

既然观察能力如此重要，我们如何提高自己的观察能力呢？要点是：第一，仔细观察；第二，认真思考；第三，多加训练。

要提高观察能力，首先要有认真观察的意识和习惯。我们从游客的行为中就可以看出，有的游客没有良好的观察意识和习惯，到哪里都是走马观花，匆匆而过。他们旅游的主要目的就是在景点照几张相，表明"到此一游"而已。在他们眼里，似乎哪里的风景都差不多。而善于观察的游客，往往会在一个景点、一副对联、一栋建筑前停留良久，流连忘返。

观察之后当然需要思考，而不是发呆。同样以旅游为例，有的游客会一路询问导游，并用智能手机查找相关资料；过后还可能写游记，不仅记录所见所闻，还抒发所思所想。

当然，要做到细观察、勤思考，就需要多加训练。为了训练观察能力，可以多做一些观察训练题。比如，观察一幅画的细节，特别是一些暗藏了很多动物和人像的图画，以及比较两幅看上去一模一样的画有什么不同。更重要的是，要在现实中训练自己的观察能力。因为做题的时候，我们已经知道要观察什么了；而在现实中，没有人告诉你要观察什么，这就更能够锻炼我们的主动观察能力。

在人际交往和谈判中，"察言观色"就是重要的观察能力，人们口头表达的与内心所想的往往并不完全一致。这不仅是因为常常有词不达意、只可意会不可言传等情况，还因为很多情况下确实需要"含蓄"地表达。如果没有良好的观察能力，就会错误地理解别人的真实意图。所以，谈判高手往往能从对方细微的面部表情和肢体动作中发现重要信息，并采取相应对策，从而扩大谈判优势，或扭转谈判局势。而善于搞人际关系的人，也是能够从细微之处着手的，这就需要敏锐、细致的观察能力。

10.3 多阅读

10.3.1 批判性阅读

阅读是我们能够快捷、大量地获取人类累积知识的途径。人类之所以有别于其他动物，成为"万物之主"，就是因为知识可以在一代一代的人之间传承，而不是只靠基因的进化。阅读正是传承知识的捷径。

更重要的是，要提高自己的批判性思维能力，就需要进行批判性阅读。而批判性阅读，简单点说，就是用质疑的态度去读书，也就是读书要"过脑"，不能书上说什么就是什么。正如孟子所说："尽信书，则不如无书。"

质疑地读书，就是要在读书时不断提问：

（1）这个观点正确吗？这是首先要质疑的，只有正确的观点，才是我们需要吸纳的。但一本书里的观点，哪怕是经典名著，也不一定全部都是正确的，所以才需要我们不断去质疑。要判断一个观点是否正确，需要我们真正理解它。有时候，我们觉得某个观点是错误的，这可能是因为我们没有真正理解它，因为有些作者的文风晦涩难懂。这也不能完全怪作者，因为在当时，对一些新观点的表述还没有更好的表达方式，或者作者本人也处在"只可意会不可言传"的状态，表达出来就令人感觉难以理解。甚至有观点说，越是伟大的思想家，其观点越是难以被同时代的人所理解。爱因斯坦刚提出相对论时，不要说普通百姓，就是科学家，能够理解的人也不多。

当我们阅读经典名著时，如果存在难以理解的地方，可以采用下述方法：一是硬着头皮把书读完，然后再回过头来阅读不理解的地方。这就像我们在半山腰的时候，不一定能够看清山的形状，而到了山顶再看，也许就豁然开朗了。如此反复多次地阅读，就能增进理解。二是可以借助别人的解读。比如我们读《论语》，有时会感到一知半解，那就看看别人是如何解读的。需要注意的是，不能只看一家的解读，要多看几家。最重要的是自己重新理解。

（2）有科学依据吗？观点是否正确，关键在于是否有科学依据。科学依据主要在于两个方面：一是已经被证明了的科学规律；二是客观事实。其实，这两个方面都是客观事实，因为已经被证明了的科学规律，也是用客观事实来证明的。

（3）依据来源于哪里？经过检验了吗？现在，不要说那些门槛很低的自媒体、微信群里的信息，即便是学术论文中的信息，其可信度也要大打折扣。由于学术评价重数量轻质量，一些学术自律性差的作者常常没有进行调查，就编造调查数据，以此来进行"分析"，写出论文。一些学术水平低的造假者编造的数据容易被识破，但水平"高"的造假者的数据还真不容易被一眼看出来。所以，高水平的学术期刊需要把原始数据和处理程序作为附件同时寄出，以便审稿人和有需要的读者查阅。国内很多期刊也开始采用这种方法，以杜绝虚假信息，但杜而不绝的情况总是有的，所以，还需要我们进行检验。自然科学相对好办，重新做同样的实验即可。社会科学就麻烦了，即便你重新做实验或调查，发现结果不同，也往往会归因于环境、文化等其他因素。这时候，就需要依靠理论思考了。

（4）逻辑自洽吗？所谓逻辑自洽，说简单点，就是能够"自圆其说"，不自相矛盾。并不是所有的观点都能马上找到客观事实来证明，有的观点需要若干年后才有可能被证明。比如，根据爱因斯坦的相对论，可以推出宇宙中存在星光偏转、引力红移、引力波、黑洞的存在，这在当时是无法得到证明的，因为天文观测仪器和技术还没有达到这样的水平。也因此有些人质疑其客观依据的真实性。这时，理论推导就很重要。这包括这些观点在理论上是逻辑自洽的，也包括调查的结果能够得到理论上的解释。

（5）现在是否正确？这就是与时俱进的态度。过去正确的东西，现在不一定还正确。我们要根据现在的情况，重新审视书中的观点。

需要提出的问题还有很多，可以提出的问题也还有很多，这不仅与学科、专业的不同有关，还与每个人的阅读习惯、阅读理解能力有关。

看到这里，也许你要问，如此这般地读书，那速度也太慢了吧，猴年马月才能读完一本书啊。关于这个问题，我们的理解是：第一，并不是每个观点都需要这样质疑的，重点是那些与我们的专业、生活、人生密切相关的观点，也就是对我们来说"重要的观点"，而这对每个人来说会有所不同。对于甲来说重要的观点，对于乙来说也许根本不重要，甚至没有必要关注，因为专业不同、生活环境不同。第二，即便是同一个人，随着阅读量的增加，也不是每个观点都需要我们这样提问的，因为很多观点我们已经这样思考过了，需要思考的是新观点。随着不断阅读，我们的理解能力也在不断提升，知识的积累能够提高我们的阅读效率和理解力、判断力。第三，与其囫囵吞枣地吸纳很多观点，不如透彻理解少量观点，所谓"贪多嚼不烂"。对于我们普通人来说，由于不是"天才"，也就没有必要在多个领域成为专家。即便是人生观，坚定信仰一种人生哲学的人，也比信仰多种人生哲学的人更幸福。

顺便说一点，有人认为中国人阅读时缺乏批判性思维，是因为古书是从上到下排印的，因此，读书时就不由自主地"点头"，而点头就是肯定；而西文书是从左到右排印的，读书时就不由自主地"摇头"，而摇头就是否定。这样的解读看似有理，实则牵强附会。我国先秦时期，百家争鸣，读书人那么有批判性思维，难道那时的书不是从上到下排印的？中世纪的西方人没有或者说不敢有批判性思维，难道那时的西文书不是从左到右排印的？

10.3.2　阅读材料的可信度

只要是识字的人，可以说每天都在阅读。你不一定是阅读书籍，但肯定会看电视（有字幕），至少会看手机里的信息。我们曾在学生中做过简单的调查，每天平均看手机5小时以上的，有20%多；而少于1小时的，不到10%。这里难免存在"谦虚"的成分，学生怕把自己看手机的时间说多了被老师批评。

如前所述，阅读的最大成本是时间。与其自己"大海捞针"去寻找、鉴别，不如先选择可信度高的阅读材料。阅读材料的可信度主要与以下三个因素有关：第一自然是时间检验。比如经典著作，那么多人都说好的东西，至少差不到哪里去。经典著作就像一道有营养的菜肴，大不了就是口味与你的习惯不相符而已，不至于有毒。第二是媒介的门槛，可以用发表难度、审查严格程度来衡量。比如权威的学术期刊，全球有那么多人想在上面发文章，其版面绝对是"供不应求"的稀缺品。在很多大学，教师如果能够在自己专业的世界Top 5期刊上发表两篇论文，就可以晋升教授。权威期刊的审稿制度也很严格，有的需要几位审稿人全部通过才能发表，而不是采取简单多数原则。权威出版社的审稿制度也非常严格，不是说拿钱就能出版。有了门槛，就相当于由专家为我们做了严格的筛选，把大量不合格的东西过滤掉了。第三是其他人的评价。从其他人的评价中，我们可以看到一些意见和判断，这可以为我们选择阅读材料提供参考。但学术界或出版机构也可能相互吹捧，甚至花钱雇人写评论，因此，其他人的评价只能作为参考，不能过于相信。

根据以上因素，我们把阅读材料的可信度从高到低排序如下：

（1）百科全书、辞典、经典著作。这都是经过了时间检验的，可信度最高。当然，那种花钱就可以被列入某某"名人辞典"的，不在此列。

（2）经典教材。教材所介绍的是相对定型了的理论，可信度自然很高。如果是那种已经修订到十版以上的经典教材，还经受了时间的检验。

（3）权威期刊学术论文、高水平学术著作。由于有严格的审稿制度，加之竞争激烈，稿源丰富，可供选择的余地大，可信度高。

（4）政府及非政府机构主办的有影响力的报纸、广播、电视及其官媒。这些都有较为严格的审查机制和处罚措施，混入虚假信息的可能性相对较低。

（5）大型商业机构的官媒。为了自己的信誉，这些机构不太可能发布虚假信息。当然，由于有利益关系，对它们自己产品的宣传信息，还是要谨慎对待。

（6）其他机构的官媒、知名的自媒体。这里起作用的主要是自动的信誉机制，发布虚假信息的收益不一定能够超过损害信誉导致的成本，所以，它们会谨慎地发布信息。

（7）其他官媒。越是知名度低的，其信誉的价值就越低，出了问题知道的人也越少。即使"改头换面"重新来过，损失也不大。它们为了利益而发布虚假信息的可能性大。

（8）各种自媒体。现在自媒体满天飞，不需要进行资格审查，也不需要进行审核，基本上没有什么门槛，其可信度完全取决于自媒体主办者的素质，良莠不齐。为了提高关注度，增加粉丝，有些人没有道德底线，今天发消息说"某某食品会致癌"，明天又说"某某食品不仅不会致癌，还能防癌"，如此等等，不一而足。

（9）朋友圈及群里传播的信息。这就不用我们说了。

（10）小道消息。发送到朋友圈或群里的消息，还是要稍微谨慎一点的，因为会受到监控。小道消息则既无门槛又不受监控，其可信度就可想而知了。

我们认为，仅选择（1）到（4）就行了，没有必要在后面几类上浪费时间，除非要找特定信息。我们的时间如此宝贵，经典著作和权威学术期刊的文章都读不完呢。

10.4　多提问

10.4.1　提问的重要性

我们的祖先遣词造句是很有智慧的。"学问"二字就既包括"学"也包括"问"，既能不断地学习，也能不断地提出问题，特别是提出新问题，这才是真正的学习；否则，满脑子装的都是别人的东西，就成了"书袋子""书呆子"。

爱因斯坦曾说：提出一个问题往往比解决一个问题更重要。因为解决问题也许仅是一个数学上或实验上的技能而已，而提出新的问题却需要有创造性的想象力，而且这标志着科学的真正进步。

杜威则从另外一个视角论述了提问的重要性："思想困惑时争取找到解决方法，这就是整个思维过程中的持续不断和起导向作用的因素……问题决定思维的目的，目的控制思维的过程。"[①]也就是说，在整个思维过程中，问题起着主导作用。

不同的文化对提问的重视程度也不同。我国的孩子从学校回到家，父母关心的是学到了什么新知识，是否得到老师的表扬；犹太人则关心孩子在学校里向老师提了什么好问题。[②]从课堂教学来看，英美等国更重视课堂互动和小组讨论，这就需要不断地相互提问和回答问题。我们更重视教师对知识的讲授，往往是教师从头到尾地讲解，最多是让学生回答问题。有人说西方的教育方式与苏格拉底的"精神助产术"式的教学方法有关，苏格拉底说："最有效的教育方法不是告诉人们答案，而是向他们提问。"其实，我们看过的《论语》就是孔子和他的学生之间的对话录，与柏拉图所记录的苏格拉底对话录的形式差不多，而且大多数是学生提问，孔子回答。可见，各地情况都差不多，只是后来的演化路径不同罢了。这里又涉及批判性思维的环境因素。

提问确实能够看出人们的思考能力。本书第一作者经常到企业和其他高校去演讲，其体会是，提问的习惯和提问的水平反映了一个单位的整体素质。比如在有些大学，学生提问多，问的问题水平高；而在另一些大学，基本上没人提问。在有的企业，用一个小时回答问题都不够；而在另外一些企业，最后只有高管觉得"有失企业面子"而提几个问题。本书的两位作者都曾从事过新闻工作，记者在采访中的提问水平是决定新闻报道质量的关键因素之一。如果记者不善于提问，就很难挖掘到"蛛丝马迹"，写出来的新闻就是"大路货"。

当我们去参加研讨会、报告会时，其实就是获得了一次向专家和同行学习的机会，而提问则是最好的方式。如果仅是获得知识和信息，我们大可不必去参加会议，观看视频即可。到现场的最大好处就是能够与专家、同行面对面地交流，但大多数人自愿放弃了这样的机会。

10.4.2　为什么我们不爱提问

为什么大多数人会放弃提问的机会呢？是因为他们没有问题吗？还是因为他们觉得自己提出的问题没水平因而不敢提问呢？应该说，两种情况都可能存在。很多人根本就不知道提什么问题，如果你问他"有没有什么问题"，他就回答"没有问题"。也许你会问，怎么就没有问题可问呢？因为他压根儿就没有想过要提问。很多学生没有

① 杜威 J. 我们如何思维［M］. 伍中友，译. 北京：新华出版社，2014：10-11.
② 钱颖一. 大学的改革（第一卷）［M］. 北京：中信出版社，2016：23.

提问题的习惯，即便没有弄懂，也不会提问。还有些学生怕自己提出的问题太幼稚，所以就不敢提问。

在课堂上，我们鼓励学生提问，并在考试成绩上给与"优惠"：回答老师的问题，可以得0~5分（0分就是不回答或说"不知道"），而向老师提问可以得2~8分。我们这样鼓励他们："不要怕自己提出的问题幼稚可笑，因为你们是学生，提任何问题都是正常的。"经过这样的鼓励，学生提问的积极性大为提高，提的问题的质量也越来越高，因此我们不得不把每次课的提问时间从10分钟增加到20分钟。可见，不爱提问的习惯是可以改变的，如果家长鼓励孩子从小提问，就能够培养孩子提问的习惯。其实，绝大多数孩子很小的时候都是充满好奇心的，喜欢问"什么""为什么"，但由于种种原因，这种好习惯随着年龄的增大而消退了，这不能不令家长和教师深思。

10.4.3 如何提问

我们在讲批判性阅读时，就已经讲到提问了，批判性阅读就是带着问题去阅读，我们建议大家在阅读中至少要问五个方面的问题。曾有一本很流行的书 *Asking the Right Questions*，即"提出正确的问题"，翻译成中文后是《学会提问》。我们参考了该书中的一些观点。

第一，要敢于提问。提问是学习的好机会。既然我们是来学习的，当然就有许多不懂的地方，无论提出什么问题都是正常的。如果我们什么都懂了，就没有必要来学习了。无论是在学校学习，还是参加培训、参加研讨会、与人交流，提问都可以让你学到更多的东西，还表示你做事认真、重视对方，因此，不要怕别人笑话，大胆提问吧。老师是喜欢提问的学生的，大多数演讲人也愿意回答问题。在交流中提问，也是活跃气氛、增加话题的好方式。不过在领导讲话时，最好不要提问。因为你和领导之间不是平等的关系，而是领导和被领导的关系，如果你动不动就向领导提问，领导还以为你在质疑他的权威性呢。除非领导主动征求意见，而且必须是能够虚心接受意见的领导，你才可以提问。

第二，只有有准备、多思考的头脑，才能提出正确的、高质量的问题。敢于提问，只是为了培养自己提问的习惯和锻炼自己的胆量，我们还需要提高自己提问的水平。要做到这一点，唯一的办法就是有准备、多思考。比如预习功课，就为上课时提问做了准备。当老师所讲的与自己此前思考的不一致时，问题就产生了。参加研讨会时，如果你提交了相关的学术论文，那就有了准备和思考，就容易提出问题。对于一个参加研讨会的主要目的是到那里旅游的人来说，他自然是没有准备的，也不会思考相关问题。研讨会往往选择在旅游热门景点开，就是主办方"招徕生意"的招术。一个对研讨会主题毫无研究的人，要提出好的问题是不太可能的。

如何准备呢？可以了解相关的背景知识，掌握相应的理论基础；否则，你提出的问题可能让大家觉得你就是个"门外汉"。此外，就是要"问对人"，因为不是任何人都能回答任何问题，这叫"能力范围"。比如，向一位天文学家咨询医学问题，十有八九没有"问对人"。2020年年初新冠肺炎疫情期间，很多学校改在线上上课，叫"停课不停学"。本书第一作者开设的课程也组建了一个微信群，大家在群里提了很多问题，几乎所有问题都是与选课、教学程序相关的，而不是与教学内容相关的。

延伸来说，就是提问要"过脑"。有些"问题"根本就不是问题，只要我们自己稍微想一想就能够知道答案。举一个例子，假如你要交一份作业给导师，给导师留了言，导师的回复是：周一下午两点半在某间教室上课。这就相当于已经给出了答案，你到时候去教室找他就是了。如果你继续问："我两点到办公室来找您可以吗？"你知道从导师的办公室到教室要走十多分钟，而且导师是从校外开车来学校的，这就是一个不必问的"问题"，因为导师不太可能专门去办公室等你，然后再去教室上课。即便导师有中午在办公室休息的习惯，也没有必要问这样的问题，因为你的目的是把作业交给导师，而不是在某个特定的地方交给导师，除非你的作业重达数千克（这当然是不可能的），要提到导师的办公室，帮导师减轻负担。事实上，我们就遇到过这样的学生提问。

第三，要尽量提出好的问题。什么是好的问题呢？好的问题具有相关性、扩展性、新颖性、启发性等特点。相关性就是要与当时的主题相关，也要与回答问题者的领域相关；扩展性就是虽然不是与主题直接相关，但可以从主题扩展出来，因此，属于间接相关；新颖性就是令人耳目一新；启发性就是能够从这个问题出发，给人更多的启发。接下来，我们结合《学会提问》一书的一些观点，以及我们自己的经验和理解，对如何提出好的问题提出以下建议：

A.论题和结论是什么？有时候，你看了一篇文章，却不清楚作者到底要证明什么、给出什么结论。先说一堆好处，再说一堆坏处，似乎方方面面都讲到了，但就是不明白作者主张什么。听演讲或与人交流时，也可能遇到这样的情况。这时，我们就要问清楚对方的中心思想到底是什么，这样才不会误解对方的意思，也有利于进一步理解和沟通。

B.理由是什么？就是要清楚别人为什么会有这样的观点。没有理由的观点、没有证据的结论，都是难以判断其正误真伪的。

C.是否表达清晰？哪些地方意思不明确？有效沟通是以真正理解对方的真实意图为基础的；否则，就会各说各的，达不到有效沟通的目的。在学习中，更要理解作者的本来含义。这既可能有作者表达的问题，也可能有我们理解的问题。有的时候，表述者会故意含糊其辞，虚以应对，比如在新闻发布会或外交场合。

D.是属于价值判断还是客观描述？价值判断的依据是什么？这是两种不同的研究范式，在经济学里，分别叫规范方法和实证方法。前者告诉我们"应该是什么"，后者告诉我们"是什么"。"应该是什么"属于价值判断，但也要有依据，比如宗教信仰、风俗习惯、法律法规等。"是什么"属于客观描述，需要证据真实、相关、充分。

E.推理过程有没有谬误？这就是逻辑性，我们在前面用了两章做介绍。

F.证据的效力如何？这需要从客观性、相关性、充分性、因果性等方面进行判断。另外，我们需要跳出表述者设定的"圈子"，看看有没有被省略的信息，甚至要对证据的欺骗性进行判断，因为在某些场合，就虚避实、就轻避重是表述者惯常采用的伎俩。

G.有没有其他原因？有时候，某些被我们忽视的原因可能更重要。

H.得出的结论如何？这主要从合理性、正确性、适合性等方面进行判断。

从以上几个方面提出问题，就可能是"好问题"。这是适用于多种场合的，包括前面讲的阅读，也包括后面要介绍的写作。

第四，要注意提问的场合和方式。同一个问题，采取不同的提问方式，获得的信息就会不一样。新闻记者、辩护律师是非常注意提问的方式的。此外，在不同场合，比如公开场合和私下场合，提问的方式也不一样。这是社交礼仪的问题，大家可以找介绍社交礼仪的书来读，这里就不赘述了。

第五，提问的一种重要方式就是向自己提问。这包括两个层次：一是探究的层次，这是为了把问题搞得更清楚。比如，当我们准备做一件事时，要问问自己：这件事是否值得去做？如果不做会有什么后果？二是自省的层次，也就是"吾日三省吾身"的"省"，这属于道德层次。

10.5　多思考

10.5.1　并非人人会思考

前面讲的多观察、多阅读、多提问，都涉及了思考的问题；后面要讲的多写作，更是需要思考。这本书其实都是在讲"如何正确地思考"，但在这里，还是有必要单独讲讲。

根据前面对思维的介绍，我们可以把思考理解为这样的过程：当我们接收到信息后，大脑会首先筛选信息（反射脑和思考脑），然后对有的信息进行深度处理（思考脑），最后决定如何对信息作出反应，或将处理后的信息储存起来备用（储存脑）。

这又不得不说到我们祖先遣词造句的智慧了。"思考"二字，"思"的意思前面多次讲过，通俗点就是"过脑"的意思；而"考"的含义就多了，与"思"有关的，就有调查、问、研究等。可见，"思考"不是简单地"动动脑子"的事，而是要用"思考脑"。大多数人大多数时候，是只用反射脑的。

思考是人类独有的活动，但并不是人人都会思考。也就是说，很多人虽然生而为人，但并没有充分利用人类独有的思考能力。那种"别人怎么认为，我就怎么认为"的人，虽然也有大脑，大脑里的神经元可能也不少，但就是不思考。这里的"别人"包括领导、大众、书籍作者等，现在还包括群里的信息发布者、各种自媒体的博主等。

孔子说："学而不思则罔，思而不学则殆。"罔，是迷惑、容易被蒙骗的意思。那些容易成为骗子猎物的人，其思考能力值得怀疑。在很多人看来显而易见的骗局，居然还是有那么多人"中彩"。

虽然我们的大脑每时每刻都在活动，但这里所说的思考，是指通过思考脑所进行的思维活动，而不是反射脑的条件反射。

10.5.2 提升思考能力的简易方法

（1）思维训练题

多做思维训练题，对于培养思考习惯、提升思考能力是简易而有效的，也不需要花费多少成本。现在这方面的书籍很多，既有以数学为基础的训练题，也有靠逻辑推理的训练题。我们举几个例子。

【例10-1】汉诺（Hanoi）塔问题

相传这是古印度神庙里的一个游戏。如图10-1所示，有三根柱子，柱子1穿了A、B、C三个盘子，尺寸由小到大。现在要把这三个盘子从柱子1移动到柱子3，可以借助柱子2。每次只能移动一个盘子。无论在移动过程中还是最后的结果，都不能大盘子在比自己尺寸小的盘子上面。

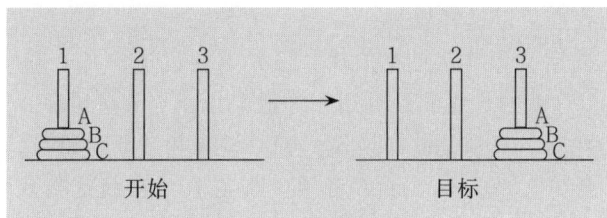

图10-1 汉诺塔游戏

因为只有三个盘子，很容易在头脑中"演示"。这个过程至少需要七步：

第一步，盘子A穿到柱子3；

第二步，盘子B穿到柱子2；

第三步，盘子A穿到柱子2，在盘子B之上；

第四步，盘子C穿到柱子3；

第五步，盘子A穿到柱子1；

第六步，盘子B穿到柱子3，在盘子C之上；

第七步，盘子A穿到柱子3，在盘子B之上。

我们可以从一个盘子开始，一直试到六个盘子，看看在这些情况下最少移动次数有什么规律。一个盘子当然只需要移动一次。两个盘子呢，要先把小盘子穿到柱子2，再把大盘子穿到柱子3，最后把小盘子从柱子2移到柱子3，所以，需要三次。三个盘子的情况，上面已经说了，是七次。这个问题，就留作一次作业。在自己做完之前，不要去查找网上或书上的答案。

【例10-2】四人过桥

A、B、C、D四个人站在峡谷的一边，需要到峡谷的另一边去。面前是一座摇摇欲坠的吊桥，每次只能两个人通过。由于天黑，过桥时必须拿着手电筒。但他们只有一个手电筒。因为峡谷太宽，也无法把手电筒扔到对岸去。A、B、C、D过桥的速度各不相同，分别是1、2、5、10分钟。两人同行的过桥时间取决于最慢的那位。四人如何在最短时间里通过峡谷？

这是微软公司在面试中出的一道题，目的在于考核员工解决问题的能力。

乍一看，让速度最快的A拿着手电筒来回过桥，似乎是最佳答案。这样的话，他分别陪着B、C、D过桥，共需要2+1+5+1+10=19（分钟）。但这是正确答案吗？或者说这是最佳答案吗？

让我们换一个思路。第一次，A和B过桥，耗时2分钟；第二次，A回去，1分钟；第三次，C和D过桥，10分钟；第四次，B回去，2分钟；第五次，A和B过桥，2分钟。这样的话，共耗时2+1+10+2+2=17（分钟），比刚才的方案节省了2分钟。

以上两个例子带有数学题的味道，接下来的一道题是典型的逻辑题，也是传播最广的一道题。

【例10-3】谁在说谎

A说，B在说谎；B说，C在说谎；C说，A和B都在说谎。到底谁在说谎？

对于这个题，我们可以这样推理：

如果A说的是真话，那B就是在说谎；既然B在说谎，那C说的就是真话；而C说A和B都在说谎，这就与A说的是真话相矛盾。因此，A在说谎。

如果B说的是真话，那就是C在说谎；而C说A和B都在说谎，那就意味着A和B不是都在说谎，至少有一人说真话或者两人都说真话，而这与B说真话并不矛盾。所以，B说的是真话。

我们还可以继续推理。如果C说的是真话，那A和B两人都在说谎。而A说谎，就意味着B说真话，这就与A和B两人都在说谎相矛盾。因此，C在说谎。

答案是，A和C都在说谎，只有B说真话。

在这个推理过程中，有一个问题容易被忽视，与我们前面讲的原命题、逆命题、否命题、逆否命题有关，只有逆否命题才能与原命题同时成立。"A和B都在说谎"的否命题不是"A和B都说真话"，而是"其中至少一人说真话"即可。有些同学在推理时容易出错，原因就在这里。

对于难度更高的逻辑推理题，就需要进行更复杂细致的分析，最好是借助笔和纸。比如下面这道题：

【例10-4】斑马问题

1.一共有五间房子；

2.苏格兰人住在红色房子里；

3.狗是希腊人的；

4.住在绿色房子里的人喝咖啡；

5.玻利维亚人喝茶；

6.象牙色房子的右手边是绿色房子；

7.蜗牛的主人穿着粗革皮鞋；

8.穿着橡胶底鞋子的人住在黄色房子里；

9.住在正中间房子里的人喜欢喝牛奶；

10.丹麦人住在第一间房子里；

11.穿着勃肯鞋的人住在狐狸主人的隔壁；

12.穿着橡胶底鞋子的人住在马主人的隔壁；

13.穿拖鞋的人喜欢喝橙汁；

14.日本人穿人字拖；

15.丹麦人住在蓝色房子的隔壁。

请问：喜欢喝水的人是谁？斑马主人是谁？

是不是头都被绕晕了？即便你拿出纸和笔，也难以找出答案，因为看似有很多线索，但线索与线索之间似乎又没有太大的关联。这真有点像一个侦探在破案。这也是这道题吸引人的地方。这道题就留给大家作为作业。友情提示：可以从房子编号、颜色、国籍、养什么动物、喜欢喝什么、穿什么鞋子几个方面，先一一列出来，再连线、排除、推理。

（2）思想实验

思想实验是成本最低的思考方式。如果什么都要亲自做实验，第一成本高，第二风险大。下面介绍20世纪两个著名的思想实验。

A.电车难题

一辆高速行驶的电车正在呼啸而来，而且刹车已坏。前面有两条轨道。有个疯子把五个人绑在电车直行的轨道上，把一个人绑在另一条轨道上。扳道工如果不扳道，电车就会压死五个人；如果扳道，就压死一个人。

这是哲学家菲利帕·福特在1967年提出来的，目的是批判纯粹的功利主义。对于扳道工来说，这是一个受到良心折磨的两难选择。他如果不扳道，就会眼睁睁地看着五个人死去；而如果扳道，就意味着自己杀死了一个人。

我们来看电车难题的另一个版本。假定有五个病人，其中有两个人需要移植肾脏，另外三个人分别需要移植心脏、肝脏、肺。如果不移植，他们就会很快死掉；如果移植，就能救活。另外，有一个健康人，可以提供这五个人所需的所有器官。如果你是外科医生，应不应该杀死这个健康人，去拯救那五个需要移植器官的病人？

有意思的是，在调查中发现，选择应该扳道的人远远超过选择应该移植器官的人。从"功利"的视角看，两个版本的难题其实是一样的，都是用一个人的生命去拯救五个人。电车难题之所以成为20世纪最著名的思想实验之一，就是因为这个难题向我们的道德、司法、经济、社会、政治等很多方面提出了挑战。

B.囚徒困境

囚徒困境是经济学里非常著名的思想实验，是经济学家塔克设计的，在政治学、社会学、军事学、教育学等众多学科里得到应用，已经成为一个"成语"了。

张三和李四在犯罪现场被警察抓住了。警察手中没有确凿的证据，所以张三和李四只能算嫌疑人。警察把他们分别关在不同的房间里，隔离起来，分别向他们讲解政策。监狱里常见的标语是什么？坦白从宽，抗拒从严。

警察说："如果你坦白，他抵赖，那么，你因为举报有功，当场释放，他则因证据确凿且态度恶劣，被判十年；反之，如果他坦白，你抵赖，结果则正好相反，他当场释放，你要被关十年。如果你们都坦白，由于证据确凿，每人判六年。如果你们都抵赖，因为证据不足，但都有犯罪嫌疑，且至少可以判处'犯罪未遂'罪，每人判一年。何去何从？你是聪明人，不需要我们教你吧。"

给学生上"经济学"课程时，每次讲到这里，我们都留时间让学生选择，学生大多选择抵赖。理由是这样的：两个人加在一起所判的期限最短。我们就笑："那是因为你们在课堂上做题，如果真碰到这种情况，还会如此选择吗？当然，我们希望各位一辈子都不要碰到这种情形。但毫无疑问的是，各位都会遇到类似的情形。"

结论是：两个人都选择坦白。

如果我是张三，我会这样想：如果李四选择抵赖，那我选择坦白就可以当场释放，而选择抵赖要关一年，因此，我选择坦白比选择抵赖好；如果李四选择坦白，我选择坦白虽然要被关六年，但如果我选择抵赖，则要被关十年，还是选择坦白好。也就是说，无论李四选择什么，我都是选择坦白好。李四也不是傻瓜，也会这样想，于是也选择坦白。两人的选择都是坦白。在经济学里，这叫"均衡"，就是说只要"条件"不变，结论就不会改变的一种状况。均衡往往是一种"占优策略"，就是说当事人作出这样的选择，是对他有利的。

这就引出了经济学一个非常重要的思想：个体最优的决策，不一定能够导致集体最优的结果。这对经济学是一次非常严重的冲击，因为按照传统经济学思想，也就是按照亚当·斯密的思想，每个人选择自己最优的结果，也就是对社会最优的结果。这就是他的著名的"看不见的手"原理。

囚徒困境告诉我们，结果不是这样的。张三和李四都选择了对自己有利的结果，但导致了两人不利的结果，两人被判的时间加在一起是12年，而其他任何一个组合都没有这么严重。用一句话来总结囚徒困境，就是个体理性不等于集体理性。

在现实中，囚徒困境的例子比比皆是。比如送礼，大家都不送礼和大家都送礼，结果是一样的，反正奖金都是大家分，职位还是那么多个。为什么送礼成风呢？因为张三会想：如果李四送礼，我不送，领导就会偏向李四，我就吃亏了；我送了呢，至少不吃亏，所以还是送的好。如果李四不送礼，我送就会让领导偏向我，也是送的好。无论李四送不送，我的最优选择是送。另外，送礼是没有标准的，不像"坦白"或"抵赖"，只有两个选项，礼品的价值差距很大，因此，送的礼品越来越贵重，因为"你有礼"，人家"更有礼"。而不送礼的人，要么是自恃有才，觉得没必要搞关系，或者不愿意花时间搞关系，要上就靠自己的实力；要么是不想"上进"的人，满足于现状，能够更进一步当然好，不行也没关系，并且送了礼也不一定就能得到好处，干脆活得轻松点。

再比如核竞争。大家都不搞核武器和大家都搞核武器，结果是一样的，反正核武器一般也不会使用（假定人类会越来越珍惜生命、热爱和平），因为一旦使用，就会导致对大家都不利的严重后果。那为什么要搞呢？因为如果你搞我不搞，我的安全就受到威胁了，所以你搞我也搞。如果你不搞我搞，那我就是"老大"，想威慑谁就威慑谁。所以，不管你搞不搞核武器，我都要搞。

小至个人，中至企业，大至国家和地区，那些过度的"发展"其实也是一种囚徒困境。至于为什么，请参照上面的"套路"自己分析。

别小看这些思想实验，它们扩展甚至改变了人们看问题的视角，对一些相关学科也产生了不小的影响。

（3）探讨式对话

批判性思维的特征之一是公正性。如何做到公正？方式之一就是要从正反两方面，甚至多方面来进行探讨，而不是只从自己喜爱或擅长的某一方面来看待问题。一种有效的方法就是探讨式对话。对话可以在两人或多人之间进行，犹如讨论小组。我们举三个探讨式对话的例子：

一是苏格拉底的教学方式，就是他和学生之间的一种探讨式对话，这在苏格拉底的学生柏拉图和色诺芬的书里能够得到证明。

二是中国教育的"祖师爷"孔子，也同样是通过与学生的问答来进行教学的，这在《论语》里可以得到印证。

三是美国芝加哥大学经济系，这是全球获得诺贝尔经济学奖最多的地方，在这里任教的，加上从这里毕业的，获奖人数超过经济学诺奖得主总数的三分之一。这里有一个非常好的传统，就是"午餐会"。弗里德曼曾是这里的"王牌"，有一句话经过他的口而成为经济学名言，"天下没有免费的午餐"，但这里提供免费的午餐。教师们在一起畅所欲言，就是一种探讨式对话。多个人的观点碰撞，往往能获得更加公正的结论，还可能产生新的思想火花。

需要注意的是，对话不是谈判，不需要有输赢。年轻气盛或固执己见、任何时候都争强好胜，这会使得对话变成争执，结果往往不欢而散。

在探讨式对话中，也没有严格的对错之分，任何观点都应该受到欢迎。既然是探讨，就是因为暂时还没有找到答案，当然也就不存在对错。这也需要参与者有接纳各种意见的胸襟，特别是那些在年龄、学识、职位等方面处于优势地位的人，更应该"放下身段"，平和地参与探讨，不要讥讽别人的观点。年轻人之所以不喜欢那些老成持重、故作高深、动辄批评他人的人参与讨论，就是这个缘故。参与对话的各方都要抱着平等的姿态。可以这么说，没有平等，就没有对话。不仅在日常生活中是这样，在国际关系中也是如此。

难度最大的一种探讨式对话，就是自我对话，自己提出一个观点，自己又想办法来否定这个观点。自我对话的好处就是能心平气和，因为都是自己，不存在输赢。但自我对话也有很大的局限性，因为这相当于左手和右手下棋，很难下出"新招""高招"；此外，自我对话获取的信息不如和别人对话多，因为只是自己一个头脑在思考，很难真正站在不同的立场和方向来看问题。

哲学家和艺术家也许是例外。可以这么说，优秀的哲学家和艺术家都是自我对话的行家。在任何一个领域能够达到顶尖层次的人，都具有哲学家和艺术家的气质、视野和思维能力。当然，我们这里所说的哲学家和艺术家，是真正的哲学家和艺术家，与专业、学位和职称无关。

10.6 多写作

10.6.1 什么是批判性写作

一谈到批判性写作，我们可能会不由自主地想到鲁迅先生的杂文，如匕首，如投枪，切中要害。的确，鲁迅先生在批驳对方的观点时，总能抓住其要害和漏洞，然后层层剖开，使之褪去伪装，露出真容。我们中学课本里的《论"费厄泼赖"应该缓行》（课本里的是节选，全文收入鲁迅杂文集《坟》），就是一篇运用批判性思维写作的杰作。全篇从"解题"开始到"结末"，共分八节，就如剥洋葱一样，一层一层地，从论述三种"落水狗"大都在可打之列，到论证"叭儿狗"的两面性，再从历史的角度看不打落水狗的害处，到对"塌台人物"与落水狗的关系，再到"现在"该不该要"费厄泼赖"，阐述得淋漓尽致，批驳得体无完肤。当然，从现在的视角看，文中的用词难免有些"绝对化"，但这是当时斗争的需要。毫无疑问，这就是批判性写作。

批判性写作不仅仅是这些。即便是鲁迅先生的其他作品，当阐述自己的观点时，也总能论据恰到好处，论证充分，逻辑谨严，分条析理，令人折服。这同样是批判性写作。

当我们阅读经典的科学著作时，不能不为科学家们探求真理的天才思维和巧妙方法所折服。这些著作里的知识，我们早已经通过教材获得了，所以，阅读经典著作的目的主要不是获取知识，而是学习伟人们的思维方式。比如我们阅读牛顿的《自然哲学的数学原理》或达尔文的《物种起源》时，能够从细枝末节、字里行间，读到思维的启迪、方法的精妙、人性的光辉。这也是为什么两千多年前的《几何原本》至今还放射出科学的光芒的原因。当然，如果我们已经掌握了这些知识，就能降低阅读的难度，比如曾经传说全球不到三个人能够理解的爱因斯坦的相对论，我们现在也能够读懂了。

即便是阅读小说，我们也会为情节设计的巧妙、人物刻画的典型及深刻、细节描写的生动及独特而感叹。这也是批判性写作。当然，我们在阅读有些作品时，也会因其前后矛盾、证据不足、论证乏力而味同嚼蜡。这就意味着这些作品在批判性思维方面有所欠缺。

总之，批判性写作不是指某一类写作，更不是指某一类作品的写作，而是指所有的符合批判性思维的写作。怎样才算符合批判性思维呢？这就要回到我们在第6章所讲的"优秀思考者的特征"。

不同的作品，对这些特征的要求是不同的。比如客观性，科学著作和文学著作的要求就会不同，前者必须是"真实"的，而后者则可以是"虚构"的。即便是文学作品中虚构的事实，也必须有事实背后的逻辑性，有与主题的相关性，有前后的一致性等。

10.6.2 写作与批判性思维

我们先看看写作的过程。首先，我们会有一个目标，也就是当我们下笔的时候想干什么。写一篇文章，是为了表达一个思想；写一封书信，是为了告知别人你的近况、向人家问好，以及表达你的想法；做一个读书笔记，是为了把书中的重要内容以及自己的观点记录下来；哪怕是记日记，也是有目的的，就是记录自己一天的重要事项以及与之相关的感想。

其次，我们根据自己占有的材料，写出初稿。在写初稿的过程中，有两种不同的方式，我们以"挖井"为例来说明。一种方式是，口子不要太大，随着不断往下挖，四周的土就会崩下来，我们再把它们刨掉。这样，井在不断挖深，井口也在不断变大。另一种方式是，根据要挖井的深度，先挖一个相对较大的井口，然后逐步往下挖。两种方式都可以把井挖大、挖深。写文章也是如此，可以有一个想法后就开始动笔，然后不断收集资料，不断扩展和深化，这相当于第一种挖井的方法；也可以准备得比较充分后再动笔，这相当于第二种方法。采取何种方法，与个人的习惯有关，但无论采取哪种方法，写出来的东西都不太可能很完善，这就需要接下来的修改。所以，只要有一点思想的火花，就应该记下来，并且不断从纵深和广博两个方面加以扩展。文章不是想好了才写的，而是在写的过程中不断完善的。甚至思路也是在写作中不断完善的，而不是先有了完善的思路才写作的。一般来说，写完初稿后，最好放置一段时间再修改，因为人的大脑在对某个问题进行长时间的思考之后，也会出现"边际效用递减"，甚至进入"疲劳期"，而休整一段时间后，大脑恢复到"活跃期"，更有利于修改。在这段休整期间，可以开始写另外的作品。

最后，就是不断修改，尽可能完善自己的作品。这个过程不仅是房屋装修（如果把初稿比喻为建房子）的问题，有时候还可能要做大的改动，甚至要对整个结构进行修改。这与后续所取得的证据有关，也与自己在后续思考中的认知有关。

批判性思维的过程也差不多。我们首先有一个目标，然后为这个目标寻找理由，形成观点，再不断地完善自己的观点，形成结论，并指导我们的行动。

写作是训练批判性思维能力最好的方式，除了过程类似外，还因为人们在写作的时候会更加理性，也能够使思考更加深入。成语"出口成章"本来是形容一个人的口才好，但我们认真想想，为什么说"出口成章"好呢？因为"章"就是文章。而文章是写出来的，这就意味着当我们动笔写作的时候，才能更好地表达我们的想法。古人论写作的"起承转合"，比如论据的充分性和合理性，都是对写作的要求；而口头表达，可能就不会如此严谨。

10.6.3 批判性写作的注意点

指导写作的书籍很多，如何提出问题、如何收集和整理证据、如何进行论证，以及写作过程中如何构建提纲、如何写出初稿、如何进行修改等，都有专门的"写作指南"，所以，我们在这里要介绍的，是批判性写作中要注意的几点。

（1）写作先从模仿开始。正如学习绘画需要多年临摹一样，模仿能够让我们深切感受到写作的难度，也感受到写作的魅力。比如，我们读了鲁迅先生的短篇小说《孔乙己》，可以模仿写一篇小说，以我们所熟知的某小镇上的一个小人物为主，辅以三四个与之相关的小人物，选择能够刻画这些小人物性格特征的细节。通过这样的模仿，渐渐地，我们就摸到了写作短篇小说的一些规律和技巧。再比如，我们读了许地山的散文《落花生》，也可以从我们身边不太引人注意的小东西中找出一样来，认真发掘其内在的优点和价值，再回忆与之相关的生活细节，写出一篇有生活情节又能咏物言志的散文。

小说和散文都可以模仿，议论文就更容易模仿了，因为相对于小说和散文，议论文的特征和规律性更加突出。好的议论文大体都有好的议题和观点、充足的证据、逻辑性强的论证。学术论文就是议论文，是由以下几个部分构成的：一是为什么要研究这个问题；二是怎么研究这个问题；三是证据及其分析；四是结论及讨论等。当我们撰写学术论文时，比如课程论文、学年论文、毕业论文，也不妨先模仿顶级期刊上优秀的学术论文。

（2）要清楚文章是写给谁看的。无论是对话还是写文章，都要清楚受众是谁。因为说或写的目的是传播我们的观点和信息，如果表达方式不对，就会影响受众的接受程度。以讲课为例，给本科生上课与给研究生上课是不一样的。再比如做一个广播或电视节目，哪怕你的内容再好，如果表达方式不对，也没有人欣赏，这会影响传播的效果。专业学术著作是写给业内同行看的，教材是写给学生看的，科普读物是写给大众看的，需要采取不同的表达方式。如果用写给同行看的方式写科普读物，那肯定没有销路。

（3）"无新不写"。所谓"新"，分以下几个层次：

首先是新体系。别人构建的是一个体系，我能不能构建另外一个能够更好表达的体系。需要注意的是，这也是伪科学最容易出现的地方。比如每隔一段时间，就有人说自己构建了一个"新什么什么学"，结果被内行人一看，是因为那个人对该学科根本不在行，搞出来的东西就像闹剧一样。所以，不要以为天下就自己聪明，其实比我们聪明的大有人在。那么多聪明人，包括诺奖得主，都不搞什么"新什么什么学"，就意味着这不是容易的事。我们若是能做点"添砖加瓦"的工作，也就很不错了。

其次是新观点。没有观点，不写文章。

再次是新方法。以前别人做的是定性分析，我从定量的角度进行研究；别人用的是社会学方法，我用的是经济学方法。

最后是新材料。比如针对不同对象的研究，别人研究美国的，我研究中国的；别人研究的是十年前的，我研究现在的情况是不是有了变化。

此外，做学术研究需要在某个领域持之以恒，围绕一个主题，沿着一个或几个方向不断深入，逐步解决上一篇文章中没有解决的问题。很多学科的论文在最后一个部分有"结论及讨论",或者在"结束语"中有"本文的不足之处和需要进一步研究的问题",这就为下一篇论文的研究提供了对象。

（4）养成写作的好习惯。我们经常为企业招聘中高层管理人员提供服务，发现目前最欠缺的职业能力之一是最基础的写作能力。由此可以看出，现在的教育中，对写作能力的培养被忽视了。我们现在都在高校教书，从学生的作业和论文中可以发现，写作能力是一个大问题。与之形成对比的是，本书第一作者是1984年大学毕业的，读的是物理学专业。现在流行同学微信群，从他群里同学的留言看，虽然都是理科生，写出来的东西却颇有文采。不要说大学同学群，即便是高中同学群，他的大多数同学是没有上过大学的，但群里每天都有同学写诗，也是文笔不错，有的甚至颇有意境。

写作需要长期的训练。本书第一作者上大学时，每门课做的课堂笔记就有教材那么厚。现在很多学生根本就不做课堂笔记，即便教师要求做笔记，最多也就是记一下教学课件（PPT）上的内容。实际上，教师临时讲出来的东西才是最有价值的，特别是水平高的教师，那是一段"华彩乐段"。学生不喜欢做课堂笔记，这与人的依赖性有关，因为现在可以直接复制老师的教学课件。但这样就不能养成做笔记的好习惯，今后在职场上还得补上记笔记这一课。

要养成良好的写作习惯，可以采取以下方式：

首先是写读书笔记。毛泽东在长沙读书时，他的老师徐特立说："不动笔墨不读书。"也许有人会说，在互联网时代，什么都可以从网上查找，还需要做笔记吗？当然需要。第一，网上不可能什么都能找到，你要查找的东西往往就找不到，即使找到了，也可能似是而非，几个地方说的不太一样；第二，如果我们连关键词（这是线索）都没有，如何查找？第三，读书笔记不仅是"摘录"，更重要的是我们阅读时的随想和体会，这是网上能查到的吗？第四，读书笔记还包括很重要的一个部分，即我们对整本书的读后感或评价，这是每个人不太一样的，不是网上的（别人的）东西可以替代的。

其次是写日记，把每天值得记录的事情写下来，包括自己的反思和感想。也许有人要说："我又不是名人，写日记有什么用呢？"当然有用。所谓的有用、无用，是针对不同的人来说的。即便是名人日记，如果你不研究与名人有关的东西，对你来说也未必有用。我们虽然是小老百姓，我们的日记对于我们自己和后代来说却可能是无价之宝。胡适提倡人人都写自传，也是这个原因。不要说日记和自传了，曾有新闻报道过，说上海有一位老先生，几十年如一日地记录自己的收支情况，这本流水账成为研究上海几十年来消费变化（物价、消费组合）的重要参考资料。更为关键的是，写日记能够督促自己不断成长。比较两个单位，一个需要年终总结和述职，而另一个不需要，你说哪个单位的工作绩效会好些？

再举一个例子。有本影响很广的书《奇特的一生》，写的是苏联昆虫学家、哲学家、数学家柳比歇夫56年如一日，记录自己每天做事情所花的时间的故事。在很多人看来，柳比歇夫简直就是个"傻帽"，为了节约时间，却浪费时间去记录。读了这本书之后，我们也坚持记录了一年多（确实不是每个人都能坚持下来的），觉得采用柳比歇夫的时间记录法最大的好处，就是更加珍惜时间了，因为随时要记录自己的时间"开支"，那就只能督促自己不做无聊的事了，否则怎么"记录在案"呀。

再次是随时把自己的一些想法记录下来，如果是作家，还可以把生活中有意思的细节和对话记录下来。哪怕是点滴随想和片段，对写作也是非常有帮助的，因为这些可以成为写作的素材。很多优秀作家都有这样一个习惯：口袋里随时装着纸和笔，就是为了随时记录自己的所见、所闻、所想。当然，现在有了智能手机，就更方便了。有时间就输入文字记录，时间紧就用语音记录，等晚上回家后再整理。

最后也是最好的方式，就是写成文章。文章不一定很长，也不一定写完，历史上有些名著其实就是未完成的书稿。动起笔来，比什么都重要。写成文章的好处，正如前述，可以更好地锻炼我们的思维。

根据我们的经验，以及在阅读名人传记时得到的信息，养成写作习惯，能够让我们终身受益。现在有了智能手机，写东西也很方便，大家就不要找"不便写作"的借口了。

10.7 养成良好的思维习惯

10.7.1 思维的养成靠训练

本书到这里，就要接近尾声了。要提醒大家注意的是，如果认为学习了"批判性思维"这门课程，就能够培养出批判性思维，那就太"小看"批判性思维了。我们之所以用"五多"这样的句式，就是告诉大家，只有多练习，才能把知识转化为能力，否则就只是停留在字面上而已。

我们从一些"反例"就能知道训练的重要性。学道德学的人，道德水平不一定都高；学教育学的人，不一定能讲好课；文学系毕业的学生，不一定能创作；管理专业毕业的，不一定真会管理；营销专业毕业的，不一定能做好营销……

反过来也是。道德模范不一定学过道德学，教学名师不一定毕业于师范院校；作家不一定毕业于文学专业，有人甚至没受过高等教育，比如莫言就没上过大学；企业、政府、学校等机构的管理者不一定是管理专业毕业的，营销高手也不一定学过"市场营销"课程。

这些例子都表明一点：在很多领域，仅靠理论学习是难以取得预期效果的，特别是对于实践性强的领域。手工、绘画、演奏乐器、体育运动等，是最能说明问题的，离开了训练或实践，基本上是"一事无成"。这跟数学不同，你知道了怎么解数学题，你就能把数学题解答对；而你知道怎么做一件家具，并不表示你能做一件家具；你知道怎么拉小提琴，但你拉出来的声音也许还没有拉锯好听……

在思维领域，如果要对"知"和"行"的重要性进行评分的话，我们认为，"知"最多占30%，也就是说，至少70%要靠"行"来实现。

10.7.2　良好的思维习惯

什么是良好的思维习惯呢？其实大家从第6章"优秀思考者的特征"、本章"提升批判性思维的技巧"里，就能够看出来。也就是说，你如果经常训练那些"技巧"，并不断向"优秀思考者的特征"靠拢，就具备了良好的思维习惯。但"习惯"毕竟与"特征""技巧"不一样，有关这两部分的内容也比较多，所以，我们把良好的思维习惯简单地归纳为以下最重要的三个方面：

（1）质疑一切。批判性思维首先要质疑一切，这在前面已经多次谈到。没有质疑一切的精神，科学就不可能进步，因为所有革命性的科学成就都是在质疑前人成果的基础上取得的。没有质疑一切的精神，社会也不可能进步，因为所有重要的社会进步也是在质疑甚至否定过去的习俗、规则的基础上取得的。

当然，质疑一切不是否定一切，而是要重新认识。换句话说，就是先质疑，然后再作出或肯定或否定或修正的判断。

人们最不会去质疑的就是第5章第1节中"命题模式"里的传统和习俗、权威的观点、大众的观点、司空见惯的事情等。不去质疑这些，大多数时候不会出大问题，但也不会有创新。

最容易对自己造成危害的，就是连谣言也不去质疑，连骗子的言行也不去质疑，那么损害就会立竿见影地到来。特别是在网络时代，谣言的传播速度快、范围广，如果我们没有质疑的精神，就会轻易相信。遇事先想想"这是真的吗""怎么可能这样呢""为什么会这样"等问题，对我们来说不一定能够带来什么"收益"，但至少可以使我们不受"损害"。

（2）尊重事实。这一点不需要过多解释，我们在第6章第1节的"客观性"里已经阐释得比较详尽了。需要注意的是，我们对"事实"本身也要有质疑精神，因为大多数谎言、谣言都是披着"事实的外衣"出现在我们面前的，我们必须去进一步验证。举个最常见的例子，很多人从手机里获得信息，比如朋友圈，但从这些地方得来的信息往往真假难辨、真假参半，怎么办？

首先，尽量少看这样的信息，因为我们的时间是有限的、宝贵的，为什么不去获取真实性更高的信息呢？就像我们的肚皮是有限的，没必要好东西、坏东西都吃吧。其次，如果获得了这样的信息，而且与我们的学习、工作、生活有关，那就需要我们进一步去核实。这些信息只提供了一个线索，就像警察破案，有了线索之后，需要去获取进一步的证据。我们在指导学生写论文时，学生会问"百度百科"等可不可以作为参考文献，我们的回答是"这只是线索，必须找到相关的文献才行"。

（3）独立思考。要做到质疑一切和尊重事实，需要我们独立思考。独立思考当然不是自己关起门来，不与外界联系，也不参与任何讨论。独立，是指我们的内心，而不是指我们外在的表现。用通俗的话来说，就是要有自己的主见，不能人云亦云。我们读《三国演义》时，经常看到，当将领、谋士提出谋略和建议时，曹操喜欢说"正合吾意"。我们可能感觉曹操这个人没有主见，还喜欢把别人提出谋略的功劳归为己有。其实大谬。曹操是大有主见之人，被他否定的意见也不少。一个没有主见的人，怎么会否定别人的意见呢？比如阿斗，就唯诸葛亮之命是从，这才是没有主见。曹操是善于独立思考的人，但他并不是一天到晚把自己关起来，不听取别人的建议。

能够独立思考的人，是有自己的判断力的，而判断力又与质疑一切和尊重事实有关，所以，以上三点是密切相关的三个方面。

网络上有一个很流行的说法，叫"21天养成习惯"。真是这样吗？稍微思考一下就会知道，这不过是一个噱头！我们可以举出很多反例来。很多人为了瘦身，下决心每天跑步或者去健身房锻炼，坚持了一个月甚至两个月，还是没坚持下来。这不止21天吧，养成习惯了吗？有的人下决心戒烟，戒了好几个月，春节时亲朋好友一聚会，就又抽上了。远远不止21天吧，养成习惯了吗？有的人为了通过某某考试，连续一两个月看书背书，考试一结束，就把书扔到一边去了，此后如果不再考试，就不会看书。他养成了读书的习惯吗？

习惯不可能是21天养成的，甚至不可能是210天养成的。要养成习惯，需要一直坚持；而能够做到一直坚持的，一定是来自内在的动力，而不是外在的压力。刚才所举的几个例子，无一不是因为外在的压力而暂时做到，一旦外在的压力消失，自然就坚持不下去了。

本章小结 ☑ --●

1.根据经济原则（低成本、高收益），对于学生来说，多观察、多阅读、多提问、多思考、多写作是提升批判性思维能力的有效技巧。

2.人类的知识最早来源于观察，即便到了现在，同样来源于观察，只不过现在更多地借助科学仪器而已。但我们不能太相信自己的眼睛，并不是每次都"眼见为实"。

3.阅读是我们获取知识的捷径，但由于我们的时间是有限的，因此，选择阅读什么是首先要考虑的问题。

4.批判性阅读是从依据及其来源、逻辑自洽等方面来判断观点或信息的正误的。

5.我们把阅读材料的可信度，从百科全书、经典著作到小道消息，分成了十个等级，大可不必把时间浪费在后面几类上。

6.提问是发现问题的最好方式。不会提问，往往是没有思考的结果。

7.通过做思维训练题、设计思想实验、参与探讨式对话，可以培养我们思考的习惯，并学会更好地思考。

8.写作是训练思维的最佳方式。通过写读书笔记、写日记、随时把自己的想法记录下来等方式，养成写作的习惯。

9.良好的思维习惯就是质疑一切、尊重事实、独立思考。习惯不是短时间内可以养成的。

进一步阅读 ☑️ ⸺⸺⸺⸺⸺⸺⸺⸺⸺⸺⸺⸺●

[1] 谷振诣，刘壮虎. 批判性思维教程 [M]. 北京：北京大学出版社，2006：第八章.

[2] 巴沙姆 G，欧文 W，纳尔多内 H，等. 批判性思维 [M]. 舒静，译. 北京：外语教学与研究出版社，2019：第13章.

[3] 董毓. 批判性思维原理和方法 [M]. 北京：高等教育出版社，2010：第十章.

[4] 布朗 N，基利 S. 学会提问 [M]. 吴礼敬，译. 北京：机械工业出版社，2019.

思考题 ☑️ ⸺⸺⸺⸺⸺⸺⸺⸺⸺⸺⸺⸺●

1.关于大学生是否应该参与社会活动，有以下三种观点：

（1）大学生毕业后终归是要走向社会的，因此，在大学期间多参与社会活动，可以锻炼自己的能力，对今后的发展非常有帮助，何况大学的课程也用不着花那么多时间来学习。这一派可以举出很多例子。

（2）学习就是大学生的"工作"，在一个阶段就要干好一个阶段的事，没有必要参与社会活动，反正以后都是要进入社会的，参与的机会多着呢，到那时候就会发现自己读的书太少，因此，多读书才是正务。

（3）大学生可以适当参与社会活动，但也不能影响学习。

你支持哪一派的观点？说出你的理由，并尽量站在公正的立场来分析问题。

2.为什么有时候"眼见为实"的东西不一定为真？我们该如何避免这样的失误？

3.检视一下你最近一周的阅读材料，哪些是可信度、可靠性高的？哪些是可信度、可靠性低的？为什么？你将如何改进自己的阅读计划？

4.在课堂上听老师讲课时，在参加学术报告会时，你会事先准备一些问题吗？会当场思考一些问题来请教吗？如果你从来都不问问题，是什么原因？是怕提出的问题让别人觉得你很幼稚，还是自己压根儿就没有问题要问？是有其他什么原因吗？请认真分析，并提出改进计划。

5.当你阅读一本书时，是想尽快知道书的内容，还是想找出书中的不足和错误？

6.在你阅读的书中，与你所学专业无关的书籍大概占多大比例？你为什么阅读或者不阅读与专业无关的书籍？

7.当你在看书、听课时，会不会觉得书本上的、老师所说的观点可能是错的？

8.当你在两本不同的书上看到两个截然不同的观点或事实时，你会怎么办？是相信其中的一个还是进一步去探究？为什么？与之相反，如果你从多本书上看到的结论都是一样的，你是否就不再质疑这个结论？

9.你平时喜欢动笔吗？比如做读书笔记、听课笔记，写日记，随时用纸和笔或手机记录自己的一些想法。如果你没有这样的习惯，你是否想养成这样的习惯？如何养成？最好列出具体的做法。

10.当你要写一篇文章论证某个观点时，你如何制订写作计划？

11.你喜欢阅读历史类书籍吗？为什么？或许你不喜欢阅读该类书籍，为什么？

12.你觉得哲学书籍有趣还是枯燥？为什么？

13.如果要你写一篇评述你所学专业里的某位名人的文章，你如何制订写作计划？

14.本书是围绕"思考"而展开的，观察、阅读、提问、写作等与思考是什么关系？为什么？你能以自己的事例来说明吗？

15.在本章所讲的"五多"里，哪些是你做得最好的？为什么？请提出更好的建议。

16.在本章所讲的"五多"里，哪些是你做得最差的？为什么？提出你的改进办法。

17.你觉得还有哪些更好的办法能够有效提升我们的批判性思维能力？请举例说明。

推荐进一步阅读

（按作者姓氏字母排序）

[1] 巴沙姆 G，欧文 W，纳尔多内 H，等. 批判性思维 [M]. 舒静，译. 北京：外语教学与研究出版社，2019.

[2] 保罗 R，埃尔德 L. 批判性思维工具 [M]. 侯玉波，姜佟琳，等译. 北京：机械工业出版社，2016.

[3] 博斯 J A. 独立思考：日常生活中的批判性思维 [M]. 岳盈盈，翟继强，译. 北京：商务印书馆，2016.

[4] 布朗 N，基利 S. 学会提问 [M]. 吴礼敬，译. 北京：机械工业出版社，2019.

[5] 陈波. 逻辑学是什么 [M]. 北京：北京大学出版社，2015.

[6] 董毓. 批判性思维原理和方法 [M]. 北京：高等教育出版社，2010.

[7] 杜威 J. 我们如何思维 [M]. 伍中友，译. 北京：新华出版社，2014.

[8] 谷振诣，刘壮虎. 批判性思维教程 [M]. 北京：北京大学出版社，2006.

[9] 金岳霖. 逻辑 [M]. 北京：北京理工大学出版社，2019.

[10] 卡罗尔 R. 思维补丁 [M]. 王亦兵，译. 北京：新华出版社，2017.

[11] 卡尼曼 D. 思考，快与慢 [M]. 胡晓姣，李爱民，何梦莹，译. 北京：中信出版社，2012.

[12] 康普诺利 T. 慢思考：大脑超载时代的思考学 [M]. 阳曦，译. 北京：九州出版社，2016.

[13] 雷曼 S. 逻辑的力量 [M]. 杨武金，译. 北京：中国人民大学出版社，2010.

[14] 柯匹 O M，科恩 K. 逻辑学导论 [M]. 张建军，潘天群，顿新国，译. 北京：中国人民大学出版社，2007.

[15] 摩尔 B N，帕克 R. 批判性思维 [M]. 朱素梅，译. 北京：机械工业出版社，2020.